生命的秘密

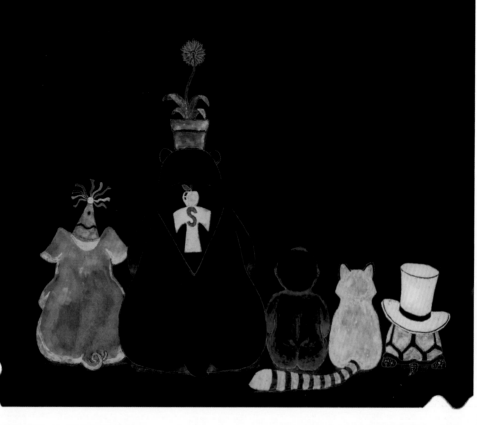

現代哲學

3

末日

繪。

謝傳倫 著

博客思出版社

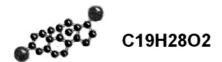

C19H28O2

TESTOSTERONE MATCH

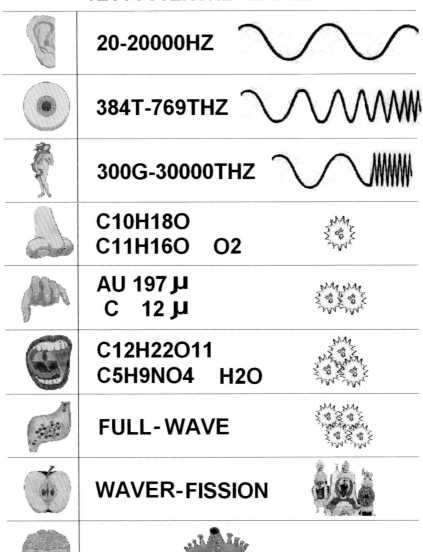

20-20000HZ

384T-769THZ

300G-30000THZ

C10H18O
C11H16O O2

AU 197 μ
 C 12 μ

C12H22O11
C5H9NO4 H2O

FULL-WAVE

WAVER-FISSION

LOVE   SIN

C11H12N2O3 C9H13NO3

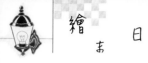

序言

生命是一場騙局，生命是一場不得不然，

不得不自我詐欺，無奈且註定的騙局！

　　所謂的生命的一整個過程是一場不斷滿足九個感覺器官以「證明存在」的自我詐欺，就因為真相是什麼都不存在，所以要不斷地以九個體器官需求的滿足來證明「生命存在」。

　　九個體器官，即－耳、眼、膚、鼻、手、嘴、腹、陰、腦，其實是九個波段波相電磁波訊息的接收感應器，耳朵所聽得到的所

謂聲音是最低振幅的波，而眼睛所觀看到的所謂光亮與色彩就是振幅高於聲音的波，膚體所感覺到的所謂溫度也是波；其實這個所謂的生命世界根本沒「熱」，也就是根本沒有所謂的溫度這一個現象，在生命體以外，在九個感覺器官以外真實存在的狀態是不同波長頻率的訊息波 Signal-wave，就連鼻子所吸嗅的所謂氧氣，嘴口所喝飲的所謂水，雙手所持捧的所謂黃金與鑽石也是假原子凝聚態振幅密集的波 Condensation-wave，而這些不同波段波相的訊息波或可全稱之為「電磁波」！

　　整個看似無垠浩瀚的所謂生命世界其實是一個波動狀態之下所產生的現象，生命世界的背景是一場波動，存在的全都是波，而所謂的生命體其實就是凝聚態的波形體，而九器全形的生命體是波動狀態刻意指向下主要實現用以證明生命存在「回覺自證」的波形式，凝聚態的生命體是波的一種形式。

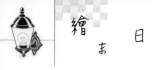

　　不同波段波相的「訊息波 Signal-wave」（或稱電磁波）是命令信號的狀態，以「通知 Inform」的形式讓生命體自體產生不可逆的認知反應，而所謂的「熱」其實就是凝聚態生命體接收訊息波之後自體所對應解釋並在自體上進行轉換所產生出的偽知覺，在生命體以外的真實樣貌和本相全部都是「波」，根本沒有熱，根本不是溫度。

　　所謂的「熱」這個知覺是生命體自體對應解釋與轉換波訊息後產生在自體上的造假內覺，生命體九個體器官的知覺全部都是經過轉換機制變造後假造的自體內覺，生命體以外存在的是不同波長頻率，不同波段波相的訊息波，根本沒有所謂的聲音，沒有光亮，沒有色彩，沒有溫度，沒有氣味，也沒有任何的形體與及所謂的空間和重量！

　　聲音、光亮、色彩、溫度、氣息、形體、味道、空間、重量

　的感覺全都是生命體將　「波訊息Signal-wave」接收後在自體上所對應解釋並進行轉換後所產出的內部「偽知覺」，九個體器官的知覺全是經過轉換機制變造後產生在自體內造假的偽覺偽象，這種將電磁波訊息轉換成為呈現在眼睛內所謂的「光亮」，所謂的「色彩」，所謂的「形體」等自體內部偽知覺的機制稱為「轉波定影Translate Signal-waves into fake-real」。

　　「轉波定影」就是將「波」轉換製定成為呈現在眼中所謂的光亮、色彩、形體，也就是說眼睛看到的全是變造後的假象，而聲音、溫度、氣息、味道、空間、重量的感覺也全都是「轉波定影」機制下生命體自體的偽知覺；「轉波定影」機制的效用是企圖製造生機，求取生命存在的術法，這個轉換機制歸功於凝聚態生命體內「特司它司特榮晶體Testosterone」的對應解釋，祂成功地轉換和遮蔽了無生的可怕與無生的悲哀。

　　存在的是一場極度振盪為求取生機的波動，根本不是也沒有

實體物質，存在的全是波，所謂的萬生萬物是一場波動之下的波形波影，九個體器官所聽，所看，所感，所嗅，所觸，所嚐的全都不是實體物質，所謂的「實體物質」其實是假原子凝聚態波形密集的的電磁波，耳所聽是波，眼所看是波，膚所覺是波，鼻所嗅是波，嘴所食是波，就連雙手所觸碰的黃金與鑽石也是波。

　　「罪惡是生命的全部」，所謂的生命其實是一場以特定完美波形式的體驗來做為「生命是存在」的證明的過程，耳慾聽樂聲，眼慾看艷麗，膚慾覺溫暖，鼻慾嗅芳香，嘴慾嚐鮮甜，九個體器官所慾求的其實全部都是特定範圍的完美波形，因為生命體內的「特司它司特榮晶體」 所振盪出的內部信號源 288.4×10^{-15} amu HZ 就是要強制對應這一些特定的完美波形，九個體器官所有的慾求完全是因為受到「特司它司特榮晶體」 內部振盪信號源的強迫控制所導致，而所謂的黃金鑽石與婀娜多姿的裸體正是完全符合完美波形的對應定義，也就是符合內部信號源 288.4×10^{-15} amu HZ 的對應需求，「特司它司特榮」形成一個牢不可破的內在理想形象，逼迫凝

聚態軀殼尋求特定波形的內在理型，生命體是註定喜愛黃金，註定喜愛鑽石，註定喜愛婀娜多姿的裸體！

　　「罪惡」就是滿足九個體器官所需要的九個波形，「罪惡」是對應作用下必然且註定的現象，「罪惡」是追求美麗波形式必然發生的結果，凝聚態的生命體無一不是追逐特定波形的畜生，最漂亮的其實就是最醜陋的，最美麗的其實就是最骯髒的，為了要符合特定完美波形的對應，生命體一定會用盡各種詭詐去爭求無以計數的黃金，一定會使出各種伎倆去謀取不可計數的鑽石，用黃金鑽石來妝點如同虎豹鳥雀斑斕眩目的皮紋羽翼於一身，生命體也一定會受驅使受逼迫地去施行各種手段以完成姦淫婀娜裸體的體驗。

　　所謂的生命是一場空無之中的波動，用波動在空無的狀態裏製造出一個仿真仿實的所謂生命世界，所謂的物理與化學的現象都是在一個「作用波 Act-wave」的背景下進行，然後再利用凝聚態生命體「轉波定影」的變造機制將無聲、無光、無色、無溫、無氣

息、無形體、無味道、無空間、無重量的訊息波 Signal-wave 轉換成為呈現在自體內九個體器官的偽知覺以企圖實現所謂的「生命」；而波動的背景其實是「連沒有也沒有 Even non non」，這一個波動是一場孤獨振盪 (Solitude vibration)，波動主要的目的就是要實現對生命的極度渴望，凝聚態的生命是一個波動之下分裂的波形體 (Wave-fission)，生命是波動下的分形分影，一個波動化成了萬生萬物，這個所謂的生命世界的真相其實是自己殺自己，自己吃自己，自己謀害自己，自己姦淫自己。

　　「罪惡是證明生命存在不得不行的無奈」，所有分形分影的凝聚態生命體在「特司它司特榮」的監督與逼迫下為了要滿足九個特定完美波形式的對應必然會產生所謂的罪惡，凝聚態生命體一定會喜愛聽得悅耳，觀得艷麗，覺得溫暖，嗅得芳香，觸得柔順，嚐得鮮甜，食得飽足，殖得悵歡，識得優越，分形分影的生命體一定會喜愛黃金鑽石，也一定會爭奪黃金鑽石，分形分影的生命體一定

會喜愛婀娜多姿的裸體，也一定會慾想姦淫婀娜多姿的裸體，所謂的「愛」其實是「特司它司特榮」對應作用下所採取的表演，「愛是絕對罪惡」，為了要滿足九個完美波形的對應，這一個由波動造生作用所實現的所謂生命世界一定會有不可思議，光怪陸離，痛苦難堪的所謂罪惡，罪惡是生命的全部。

　　不能沒有這一個即使是造假的生命世界，因為無生最苦，不能沒有這一個即使全都是波象鬼影造孽惡畜的所謂生命世界，因為無生最悲！

　　無波不生，無生不罪，這就是所謂的「生命」，生命必然是一場騙局，生命也絕對是一場騙局，生命是一場為了求取生機無奈且萬般註定的騙局！

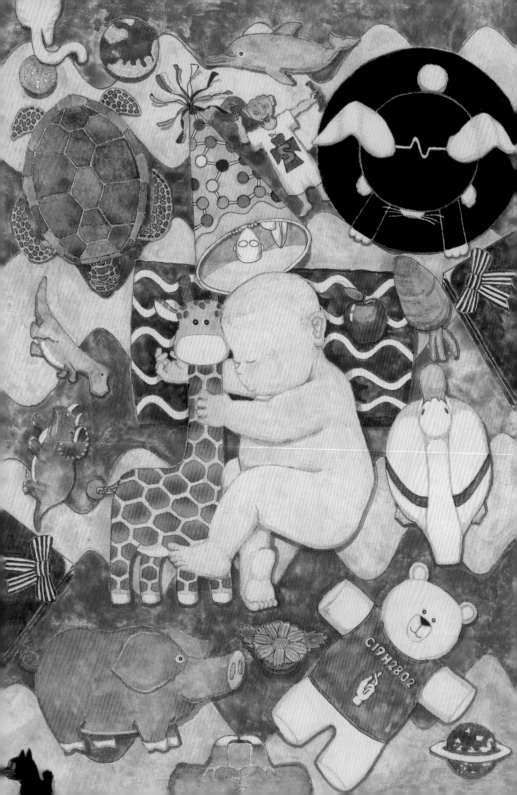

目錄 Content

15

The Apple makes waver live in Waving

It makes nine sensors work

悲憐

1 悲憐

悲憐別人就是悲憐自己

Be mercy is the heaven.

你絕對不知道為什麼會有耳朵，你也絕對不知道為什麼會有眼睛，你也絕對想像不到為什麼會有膚體，有鼻子，有雙手，有嘴舌，有腹肚，有陰下，還有一個好像很聰明的腦袋，你絕對更難以理解為什麼要聽？為什麼要看？為什麼要覺？還有為什麼要嗅？要觸？要吃？要飽？要殖？要識？

你曾經想過什麼是生命？你知道為什麼這個世界到處都是罪惡？你知道自己是什麼嗎？如果你得知什麼是生命，如果你得知什麼是罪惡，如果你得知自己是什麼，那麼你就一定要悲憐別人，你就絕對要悲憐他人之耳，悲憐他人之眼，悲憐他人之膚，悲憐他人之鼻，悲憐他人之手，悲憐他人之嘴，悲憐他人之腹，悲憐他人之陰，悲憐他人之腦，悲憐這一個自己亦同罪與惡的生命世界！

凡事悲憫

　　你知道眼睛所看見到的所謂色彩、光亮、形體是什麼嗎？眼睛所看見到的世界其實並不是一個真實的樣貌，眼睛所看見到的光影、色彩、形體是經過一個轉換機制所變造後投映在自體內部的假現象。

　　看似多姿多彩，多形多樣的所謂生命世界是經過轉換機制變造後投映在自體內部的顯影，這個所謂的生命世界有二個狀態，二張臉，一個是眼睛所看見和體器官所感覺到的狀態，眼睛所看見和體器官所感覺到的所謂生命世界 - 有色彩，有形體，有光影，有溫度，有氣味，有空間，有重量，可是這個從眼睛和體器官所感受到的狀態是一個經過變造後做假的自體內偽象；沒有進入眼睛之前的真實原貌和真正的本相全是波，所謂的生命世界其實是不同波長頻率的波動，這個波動本相 - 沒有色彩，沒有形體，沒有光影，沒有溫度，沒有氣味，什麼都沒有，只有波，只有不同波長頻率的訊息

波，這個不同波長頻率波動的狀態就是所謂生命世界真實的樣貌。

　　耳朵聽的是什麼？眼睛看的是什麼？膚體覺的是什麼？鼻子嗅的是什麼？雙手觸的是什麼？嘴口吃的是什麼？腹肚飽的是什麼？陰下殖的是什麼？腦子識的是什麼？

　　電磁波是這一場波動的代稱，所謂的生命世界是一個波動造生作用之下所製造出的現象，背景是一場波的動量，生命世界的真實狀態就是不同波長頻率電磁波的波動，這是一場求生意識的實現，以不同波長頻率的電磁波實現對生命的渴望，所謂的生命其實是不同波長頻率的電磁波，生命體眼睛和所有體器官所感應到的現象全部都是電磁波，眼睛所看見到的光影色彩是電磁波，耳朵所聆聽到的樂音聲響是電磁波，皮膚所感覺到的冷暖溫度是電磁波，一直到假原子凝聚態波形式鼻子所嗅聞到的腥香氣息是電磁波，雙手所觸碰到的硬軟形體是電磁波，嘴舌所嚐食到的苦甜味道是電磁波，生命體一身體器官所有的感覺感應全都是接收電磁波，不同波形式，

不同波長頻率的電磁波，造成不同的感覺感受，而其實就連生命體的本身也是不同波長頻率所凝結成形的電磁波體 WAVER。

是的，所謂生命的原形就是電磁波，這一個所謂的生命世界並不是實體，而是由不同波長頻率的電磁波造成感應上的差異，存在的是波，而不是實體！

實體是假象，是生命體自體轉換電磁波訊息後所變造的偽知覺，生命體將電磁波訊息在自體內部進行轉換，於是不同波長頻率的電磁波全都變造成自體感應的所謂光，所謂色彩，所謂音聲，所謂溫度，所謂氣味，所謂形體，所謂的生命世界是不同波長頻率電磁波所製造的現象，生命世界是電磁波仿真仿實的現象，生命體自體一定要變造電磁波，一定要轉換電磁波成為色彩，成為實體，成為感覺感受，因為這是自證生命的唯一企圖，生命體必須要 -「造假」。

　　實體不能無中生有，但是波可以，波可以製造仿真仿實的假
物質，波可以無中生有，這是一個電磁波凝結成的生命世界，電磁
波凝結成土，電磁波凝結成水，電磁波凝結成氧，電磁波凝結成萬
生萬物，生命世界是一個自體的分裂，眼睛所看見到的所謂生命世
界是一場不得不然，不得不造假的無奈，而實現生命最大的無奈是
不得不自體分裂，從電磁波的本相觀省所謂的生命，是一個自我的
分割，是一個自我的分形分影，從電磁波波動造生的本相觀想所謂
的生命根本是一場自己殺害自己，自己吞噬自己，自己姦淫自己的
無奈。

　　自體分割是最大的無奈，要實現生命就必須要分裂自我，而
所有分裂的個體必然要實現與執行求生的意識，分裂的個體將會吞
食另一個自己，分裂的個體將會殺害另一個自己，分裂的個體將會
姦淫另一個自己！

　　眼睛看似萬生萬物的世界其實全是一個自體的分裂，這個自

體就是一場波動 WAVE-FISSION，而每一個分裂的個體之內都有一組執行求生意識的凝波晶體，這一組晶體在生命體內所振盪產生出的波長頻率會遮蔽並改變電磁波波動的原貌，並將電磁波訊息轉換成自體內感覺到的所謂色彩，所謂音聲，所謂溫度，所謂氣息，所謂口味，所謂形體，並且還給予生命體漂亮的外貌，美妙的歌聲，聰明的智慧，給予生命體知覺與求生的能力，這一組晶體叫做「特司它司特榮 TESTOSTERONE」。

「特司它司特榮 TESTOSTERONE」是指引電磁波體 - 凝聚態軀殼 WAVER 也就是生命體執行求生能力的晶體，特司它司特榮 TESTOSTERONE 也是分割意識，造成分形分體，自我獨立求生的振盪晶體，電磁波波動造生作用下的所謂生命世界就是特司它司特榮 TESTOSTERONE 所完全控制的世界，因為它才能開出紅艷的玫瑰，也因為它才能創造出悅耳動聽的音樂，漂亮美麗是它得意的傑作，而所謂的醜陋與罪惡也全都是它的賞賜，就是它讓生命體產生分別

分裂的自我意識，就是因為它生命體才能狠心殘暴地去殺害另一個自己，也就是因為在「特司它司特榮 TESTOSTERONE」的指揮下生命體才能狠心地吞食掉另一個自己，去姦淫另一個自己。

生命有二張臉，一張是不得不自我欺騙的臉，而另一張卻是無色、無影、無聲、無形、無味、無體的本相，生命是掙脫空無，從「連沒有也沒有」的真空中掙脫的求生意識，生命是一場無奈，卻又不得不如此的無奈。

生命無一不病，生命無一不罪，眼睛和體器官所感應到的這一個世界並不是一個實體，而是一個波動作用之下所凝結成的波狀態，這個波的狀態是經過了生命體內轉換機制變造後呈現出仿真仿實的偽知覺，九個體器官的知覺全是變造後的假現象，所有的感覺感受全是經過「轉波定影」機制變造後呈現在自體內的偽知偽覺，撤除了「轉波定影」的機制，撤除了「特司它司特榮」，如果生命體還能成形，如果眼睛還能看得到，那麼所謂的生命世界將會是驚駭的景相，什麼都沒有，只有波，只有一場波動，波中會聽到自己

和自己對話，波中，會聽到波的軀殼和波的軀殼對話，什麼都沒有，只有一場波動之下自己和自己的自言自語。

　　生命可以說是一場自我詛咒，也可以說是一場自我的精神分裂，在「特司它司特榮 TESTOSTERONE」分形分識並且完全控制狀態下每一個分裂的凝聚態軀殼為了欲求會吞噬掉另一個自己，會殺害另一個自己，會姦淫另一個自己，每一個分裂的形體都不會知道眼前所鄙視的其實是另一個自己，每一個分裂的形體都不會知道口中所嘲諷的其實是另一個自己，每一個分裂的形體也不會知道用狡詐詭計去迫害的其實是另一個自己，而到了最後所有用狡詐詭計去獲得到的黃金鑽石全都握不住，什麼也都霸佔不了，原來這只是一場電磁波的聲光大秀，一場用波動企圖製造生機自己欺騙自己的騙局！

　　生命是一場自己演給自己看的，自己玩的，自淫自瀆的荒唐夢戲。

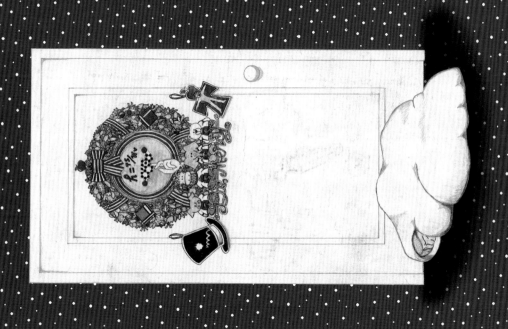

Relieve the hunger, satisfy the affliction,
tolerate any harmlessness,
Everyone must suffer someday

2 波動狀態下的 悲憐

你會冷嗎 你會餓嗎 如果是 那請給受凍的 挨餓的 溫暖的庇護

生命其實是一場波動

所有的生命體是波動狀態下凝聚態的軀殼

在這場波動中每個軀體有耳朵

有眼睛 有膚體 有鼻子 有雙手

有嘴舌 有腹肚 有陰下 有頭腦

九個體器官

時時企求 日日需要九個波相的滿足 耳要聽

眼要觀 膚要暖 鼻要嗅 手要觸

嘴要嚐 腹要飽 陰要殖 腦要識

耳 眼 膚 鼻 手 嘴 腹 陰 腦

九器所企所需的九個波相是 生命證明的存在

九器必然且絕對不得不求諸滿足

3 悲憐 悲之九器

悲他人之耳聽 其憐己之耳欲

悲他人之眼觀 其憐己之眼欲

悲他人之膚暖 其憐己之膚欲

悲他人之鼻嗅 其憐己之鼻欲

悲他人之手觸 其憐己之手欲

悲他人之嘴嚐 其憐己之嘴欲

悲他人之腹飽 其憐己之腹欲

悲他人之陰殖 其憐己之陰欲

悲他人之腦識 其憐己之腦欲

特司它司特榮凝聚態軀殼 TESTOSTERONE WAVER 必然慾聽

慾看 慾覺 慾嗅 慾觸 慾食 慾飽 慾殖 慾識

特司它司特榮凝聚態軀殼必然使罪行惡

4 悲憐 悲之耳

耳朵所欲聽的是頻率範圍 20 HZ 赫茲到 20,000 HZ 赫茲的波動

訊息波 signal-waave（電磁波）波長範圍為 1.7cm 至 17m 之間，

音聲的本相是波

耳朵必然追求曲韻合諧的音聲

耳朵也必然欲求竊聽他人私密

欲聽的耳朵是證明生命存在的工具

欲聽的耳朵也是肇生罪惡的工具

所有欲聽的凝聚態生命體無一不行罪使惡

5 悲憐 悲之眼

眼睛所欲看的是頻率範圍 384Thz 兆赫至 769Thz 兆赫的訊息波
signal-waave（電磁波），波長為 390nm 奈米至 780nm 奈米的電磁
波是所謂色彩和光的本相，
色彩和光和形體的本相是波

眼睛必然追求艷麗漂亮的影像
眼睛也必然欲求窺看他人私密

欲看的眼睛是證明生命存在的工具
欲看的眼睛也是肇生罪惡的工具

所有欲看的凝聚態生命體無一不行罪使惡

6 悲憐 悲之膚

膚體所欲覺的是頻率範圍約 300 GHZ 到 30000 THZ 的訊息波
signal-waave（電磁波），
波長 1 毫米 millimeter 的紅外線區至紫外線區 10nm 奈米的電磁
波是溫度的本相
溫度的本相是波

膚體必然追求溫暖和煦的溫度
膚體也必然欲求偷圖艷麗華服

欲覺的膚體是證明生命存在的工具
欲覺的膚體也是肇生罪惡的工具

所有欲覺的凝聚態生命體無一不行罪使惡

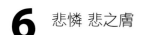

7 悲憐 悲之鼻

鼻子所欲嗅的是凝聚態假原子頻率範圍為不定數 Å 振幅限度

10^{-10}m HZ 的訊息波 signal-waave（電磁波）

電子康普頓波長 (Compton) $2.42631×10^{-12}$m

質子康普頓波長 (Compton) $1.32141×10^{-15}$m

中子康普頓波長 (Compton) $1.31959×10^{-15}$m

氣味的本相是波

鼻子必然追求馨香芬芳的氣味

鼻子也必然欲求嗅聞馨香芬芳

欲嗅的鼻子是證明生命存在的工具

欲嗅的鼻子也是肇生罪惡的工具

所有欲嗅的凝聚態生命體無一不行罪使惡

C 12 μ

AU 197 μ

8 悲憐 悲之手

雙手所欲觸的是凝聚態假原子頻率範圍為不定數 Å 振幅限度 10^{-10}m HZ

的訊息波 signal-waave （電磁波）

電子康普頓波長 (Compton) $2.42631×10^{-12}$m

質子康普頓波長 (Compton) $1.32141×10^{-15}$m

中子康普頓波長 (Compton) $1.31959×10^{-15}$m

物體的本相是波

雙手必然追求柔順舒適的物體

雙手也必然欲求觸撫柔順舒適

欲觸的雙手是證明生命存在的工具

欲觸的雙手也是肇生罪惡的工具

所有欲觸的凝聚態生命體無一不行罪使惡

9　悲憐　悲之嘴

嘴舌所欲嚐的是凝聚態假原子頻率範圍為不定數Å振幅限度 10^{-10}m HZ
的訊息波 signal-waave （電磁波）

電子康普頓波長 (Compton) 2.42631×10^{-12}m

質子康普頓波長 (Compton) 1.32141×10^{-15}m

中子康普頓波長 (Compton) 1.31959×10^{-15}m

物體的本相是凝聚態的波

甜 $C12H22O11$ 分子量 342.30μ　　鮮 $C5H9NO4$ 分子量 147.13μ

嘴舌必然追求甘甜鮮嫩的美食

嘴舌也必然欲求吃食甘甜鮮嫩

欲嚐的嘴舌是證明生命存在的工具

欲嚐的嘴舌也是肇生罪惡的工具

所有欲嚐的凝聚態生命體無一不行罪使惡

C12H22O11
342 µ

10 悲憐 悲之腹

腹肚所欲飽的是凝聚態假原子頻率範圍為不定數Å振幅限度 10^{-10}m HZ
的訊息波 signal-waave（電磁波）

電子康普頓波長 (Compton) 2.42631×10^{-12}m

質子康普頓波長 (Compton) 1.32141×10^{-15}m

中子康普頓波長 (Compton) 1.31959×10^{-15}m

食物的本相是凝聚態的波

腹肚必然追求營養豐富的食物

腹肚也必然欲求飽足營養豐富

欲飽的腹肚是證明生命存在的工具

欲飽的腹肚也是肇生罪惡的工具

所有欲飽的凝聚態生命體無一不行罪使惡

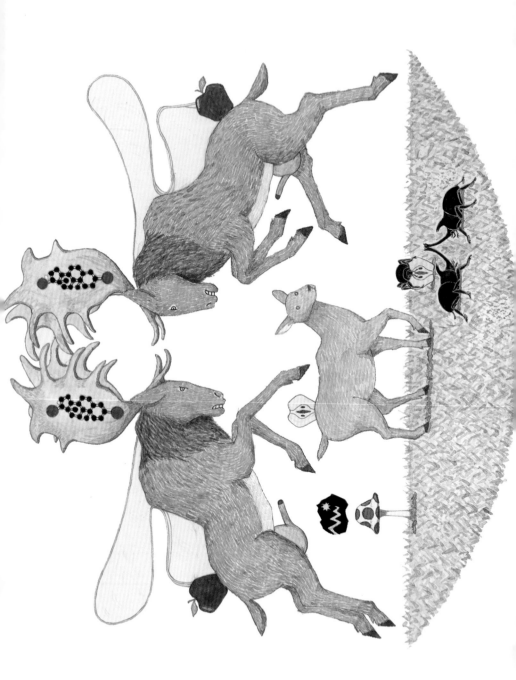

11 悲憐 悲之陰

陰下的欲殖的是為獲得 5-htp 內啡的暢快
波體 waver 與波體 waver 交媾是波動本相的自淫自瀆

陰下必然追求婀娜窈窕的裸體
陰下也必然欲求遺殖婀娜裸體

欲殖的陰下是證明生命存在的工具
欲殖的陰下也是肇生罪惡的工具

所有欲殖的凝聚態生命體無一不行罪使惡

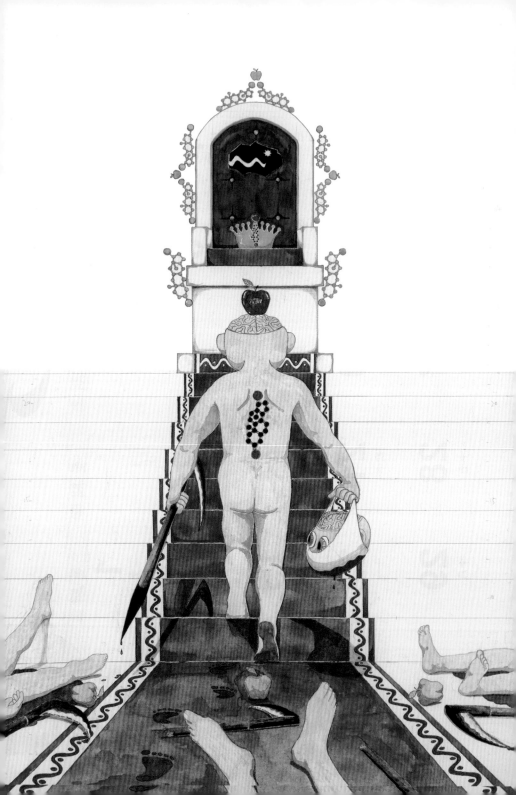

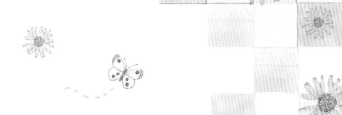

12 悲憐 悲之腦

腦部的欲識的是為獲得 5-htp 內啡的暢快

腦部欲識為王為帝

腦欲悅聽 欲艷觀 欲覺暖 欲嗅香 欲觸順 欲嚐甘 欲飽足 欲暢殖

欲識為王為帝者必為「特司它司特榮 TESTOSTERONE」死刑犯

腦識必然爭多比勝 必然較強鬥美

腦識必然嫌殘棄貧 必然欺窮鄙弱

欲識的腦部是證明生命存在的工具

欲識的腦部也是肇生罪惡的工具

所有欲識的凝聚態生命體無一不行罪使惡

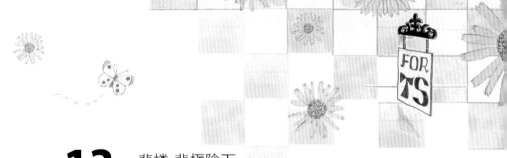

13 悲憐 悲極陰下

陰下部的欲殖是最大的痛苦

特司它司特榮用 C9H13NO3 痛苦激素逼迫生命體遺殖於婀娜裸體

遺殖於黃金鑽石

凝聚態生命體也為了獲得 5-htp 內啡的暢快無不用盡伎倆求得遺殖

悵歡

所有欲殖的凝聚態生命體無一不行罪使惡

14 悲憐 比可是特司它司特榮強迫症病患

比可是個非常固執的小豬，他極度喜愛粉紅色，他堅持要變成一個
與眾不同的豬，
因為他的 TESTOSTERONE 特司它司特榮不停地告訴他一定要變成粉
紅色
一定要變粉紅色
TESTOSTERONE 特司它司特榮告訴比可變成了粉紅色就是既獨特又
漂亮的豬
於是大家一起幫忙把比可塗成粉紅色

其實每個人都是特司它司特榮強迫症病患

其實每個凝聚態軀殼都是特司它司特榮強迫症病患

15　悲憐 生命是一場病

特特司它司特榮病症即 TESTOSTERONE DRUNK 睪酮醉 - 睪酮罪

波動造生作用下的所謂生命其實是特司它司特榮強迫症的病世界
每個凝聚態軀殼或者說所有人都是特司它司特榮強迫症的病患

所有的人都是 TESTOSTERONE 特司它司特榮操控下的玩偶
所有人全都迷醉在 TESTOSTERONE 特司它司特榮之下

TESTOSTERONE 特司它司特榮控制整個世界

16 悲憐 特司它司特榮要漂亮 要獨特

特司它司特榮要耳朵聽得悅耳

要眼睛看得艷麗　要膚體覺得溫暖

要鼻子嗅得芬香　要雙手觸得柔順

要嘴舌嚐得甘甜　要腹肚食得飽足

要陰下殖得歡遺　要腦部識得優越

所有人都得聽祂的　祂是老大　祂是總司令

17 　悲憐 無一不是死罪

波動造生狀態下的所有軀體都是

「特司它司特榮 TESTOSTERONE」所操控的傀儡

特司它司特榮 TESTOSTERONE 指揮下的所有欲聽者

欲觀者　欲暖者　欲嗅者　欲觸者

欲嚐者　欲飽者　欲殖者　欲識者

無一不是死罪

Waver
Be mercy is the heaven.
in the Waving

生命的本質

1 生命的本質

生命的本質

> 生命從何而來？生命為何存在？
> 罪惡從何而起？罪惡為何存在？

　　假的，病的，全是畜生，全是惡鬼，這是一場波的動量所形成的所謂生命世界，波動狀態裏的所謂生命體其實是一種波的形式 waver ，所謂的生命體是電磁波波譜中最後且絕對刻意指向下必然必要註定的波形式。

　　所謂的生命體是波動造生作用狀態之下用來「證明存在」的軀殼工具，但是這完全沒有意義，因為看似萬生萬物萬形萬樣的所謂生命其實全是一個波動之下分裂 wave-fission 的形體，這根本就是一個造生意識的自我詐欺。

　　凝聚態的所謂生命體有九個感覺器官，這九個感覺器官其實所聽，所看，所覺，所嗅，所觸，所嚐，所食，所殖，所識之諸般模樣全是經過一種轉換機制變造後呈現在自體上的偽知覺，如果撤除了轉換，沒有了造假機制的屏障，就會發現存在的全都是「波動」，無聲、無色、無光、無溫、無形、無味、無體的波動，「波動」才是真實的本相。

　　波動造生作用下所形成的所謂生命世界是一場萬般註定，全般註然的框架，刻意指向下所形成的所謂生命體必然要尋求特定範圍波形的滿足用以證明「生命存在」，耳必悅聽，眼必觀艷，膚必覺暖，鼻必嗅香，手必觸柔，嘴必食甜，腹必飽足，陰必遺殖，腦必識優，九器的欲望就是罪惡，不論任何型態的欲思欲想都是罪惡，而九器的欲望來自於生命體內一個對應機制的指使，即「特司它司特榮 TESTOSTERONE」對應，這個對應機制無時無刻不控制著

生命體去尋求九個波形的滿足，就連呼吸，就連喝水也都由祂發號施令。

「特司它司特榮 TESTOSTERONE」C19 H28 O2 晶體是凝聚態生命體內轉換訊息波 SIGNAL-WAVE（電磁波）的機制，祂將非聲、非色、非光、非溫、非味、非形、非體的訊息波（電磁波）轉換成偽知覺，耳所聽之聲，眼所觀之形，呈現在九個體器官的偽知覺全是祂的功勞，祂的作用；「特司它司特榮」在生命體所振盪出的內頻對應著所有的外在波形，祂命令生命體擷取祂所要的波形，祂要聽得悅耳，祂要看得艷麗，祂要覺得溫暖，祂要嗅得芳香，祂要觸得柔順，祂要嚐得甘甜，祂要食得飽足，祂要殖得歡遭，祂要成為霸占整個世界的帝王。

「特司它司特榮」施放兩個法寶，讓生命體完全服從於祂的

命令,一個叫C9H13NO3痛苦激素,另一個是C11H12N2O3爽快激素,「特司它司特榮」用這兩個體內波形來控制生命體以尋求祂所要的滿足,祂愛黃金鑽石,祂要黃金鑽石就會施放痛苦波形C9H13NO3以逼迫生命體用各種方式去爭得,祂愛祂也要婀娜窈窕的裸體就會施放痛苦波形逼迫生命體用盡各種方式去爭得,獲得之後祂就會釋放出C11H12N2O3爽快波形讓凝聚態生命體極度舒服。

罪惡是證明生命存在不得不的無奈,生命無一不惡,無一不畜,無一不罪,無一不鬼,因為生命的真相是一場孤獨振盪之下無依無靠的波動,波動造生作用下的生命體全是傀儡,波動主要的目的就是要用罪惡來證明生命存在,生命其實是一場自淫自瀆,生命其實是一場最可悲卻又必需如此註定的騙局!

What ear hears
What eye sees
What body feels
What nose smells
What hand touches
What mouth tastes
What stomach fulfills
What you are !

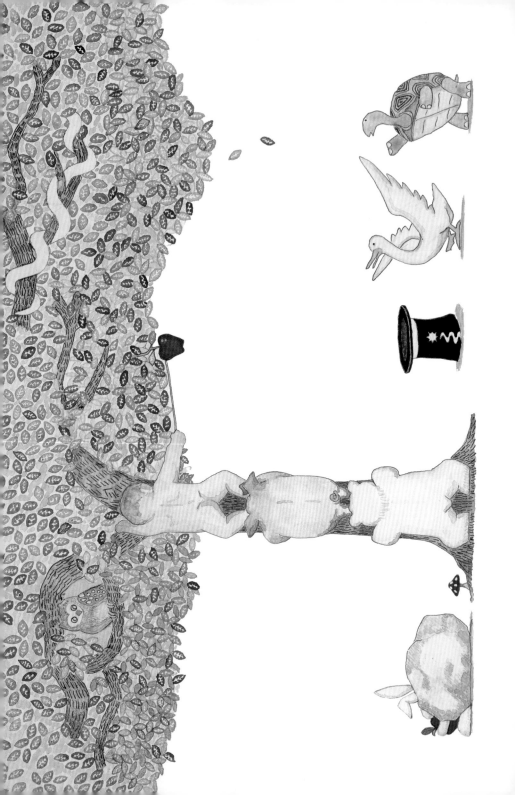

2　本質 生命從何而來

生命從何而來 Where is life from？

　　生命是一場從自我悲憐而生波動作用的假世界

　　眼睛看到的這一個所謂生命世界是個造假的現象，眼睛裏所呈現出的所謂光亮、色彩、形體是經過轉換機制變造後顯示在自體之內的偽知覺，耳、膚、鼻、手、嘴、腹、陰、腦，八個體器官感應到的所謂聲音、溫度、氣息、形體、口味、空間、重量，也都是經過轉換機制變造後呈現在自體內部的偽知偽覺！

　　生命體九個感覺器官的知覺都是經過轉換作用變造後的自體內訊息，也就是說所謂的生命是一場騙局，其實在生命體九個感覺器官之外的真實狀態是無聲、無光、無色、無形、無溫、無味、無體、無空間、無重量的「波動」，波動才是所謂生命世界真正的本

相,所謂的物質其實是波動狀態裏波形密集的凝聚波態,而所謂的
生命體就是這一場波動狀態裏波形更為密實密集,意刻指向性的
「凝聚態軀殼」。

　　不同的波相呈現出樣態各異的物相,正因為是不同波動的狀
態所以才會顯現出所謂不同樣貌的物質,所謂的水是波,所謂的氧
也是波,不僅僅所謂的光和色彩是波,就連所謂的黃金與鑽石也是
波,所謂的水、氧、黃金、鑽石都是波,假原子形式的波;在名稱
上光和色彩是不同波長頻率波相位差的電磁波,那麼所謂的水、
氧、黃金、鑽石就是不同波相,不同密集波形的凝聚態電磁波形式,
而所謂的生命的運作真相就是「凝聚態軀殼 WAVER」接收和感應不
同波相的電磁波,並將各個不同波相的電磁波訊息轉換成軀殼內
部一個感覺上仿真仿實的擬生顯像狀態,Waver switchs signal-
waves into fake-real feelings。

　　生命體其實就是假原子形式的「凝聚態軀體 WAVER」，又或者說所謂的碳基蛋白質形式的生命體就是電磁波波動狀態中意刻指向性的凝聚態波形式，所謂的生命體其實就是電磁波體，在波動背景裏的「凝聚態軀體 WAVER」就是將不同波相的電磁波訊息接收後在自體內部進行「轉波定影 Waver switchs signal-waves into fake-real feelings」的變造工作，也就是把不同波相的電磁波訊息轉換成為軀殼自體內所謂的聲音、光亮、色彩、溫度、氣息、口味、形體、重量、空間的偽知覺；生命體所有的感應都是「轉波定影」機制變造後呈現在自體內部的偽知覺，眼睛所看到的所謂光、色彩、形體其實都是不同波相電磁波訊息的轉換，生命體九個體器官所感應和接收到的全都是不同波相的電磁波，嘴口所喝飲的水是電磁波，鼻子所吸嗅的氧是電磁波，雙手所持捧的黃金與鑽石也是電磁波，所謂的生命其實是波動背景場裏「凝聚態軀體」將不同波長頻率的電磁波訊息接收後經過「轉波定影」機制的變造成為自體

內部如真如實的擬生偽知覺。

　　存在的是「波」，不是實體，波動背景場裏是以不同波相的電磁波訊息 signal-wave 呈現出不同樣貌的所謂物相，所謂的物質其實本相都是波，或者說是凝聚態的電磁波，所謂生命世界的真實本相是一場無聲、無光、無色、無形、無溫、無味、無體、無空間、無重量的「波動」，其實這一場「波動」根本沒有質量，也沒有所謂的能量，質量與能量的感覺是「凝聚態軀殼」自體內「轉波定影」作用所變造後的偽知覺！

　　「轉波定影」就是「凝聚態軀殼」將所接收到的電磁波訊息變造成為呈現在眼睛裏的所謂光亮、色彩、形影，不同振盪頻率沒有顏色的電磁波卻在眼睛呈現出色彩，不同波長頻率的波動卻在眼睛呈現出影像就是「轉波定影」，而呈現在其它八個體器官的所謂

溫度、氣息、物體、口味、重量、空間的感覺也都是「轉波定影」
機制將電磁波訊息變造後軀殼自體內部的偽知覺，凝聚態生命體內
的「轉波定影」機制是製造所謂生命世界的重大術法，「轉波定影」
機制是實現所謂生命的關鍵。

　　在波動背景場裏存在的是不同波段波相的波動，根本沒有實體
物質，所謂的生命體是波動背景場裏進行感應的軀殼，彷彿無止無
數的形體和軀殼其實都是一個波動狀態下分裂的波形波影，生命最
天大的秘密就是波動造生狀態下的世界其實是「自己砍殺自己」、
「自己姦淫自己」、「自己吞噬自己」、「自己謀害自己」的現象，
從眼睛看到的現象所殺，所姦，所噬，所害的是另一個形體，但是
從波動的本相裏觀省所謂的生命其實就是一場自殺，自姦，自噬，
自害的騙局，夢寐。

　　根本沒有所謂的光亮，光是「凝聚態軀殼」自體內的偽知覺，根本沒有所謂的色彩，色彩是凝聚凝軀殼自體「轉波定影」機制所變造後的偽知覺，也根本沒有所謂的「熱」能量，「熱」這一個現象是凝聚凝軀殼自體轉波定影機制所變造後呈現在軀殼內的偽知覺，波動背景場裏只有不同波長頻率的電磁波訊息，而波動背景場裏的運作方式就是以不同波段波相的電磁波訊息通知 inform 假原子形式的「凝聚態軀殼」進行「轉波定影」的變造工作，然後在自體內部製造出一個有光亮有色彩有溫度的偽覺偽象，並且用偽覺偽象以企圖實現「生命是存在」的目的。

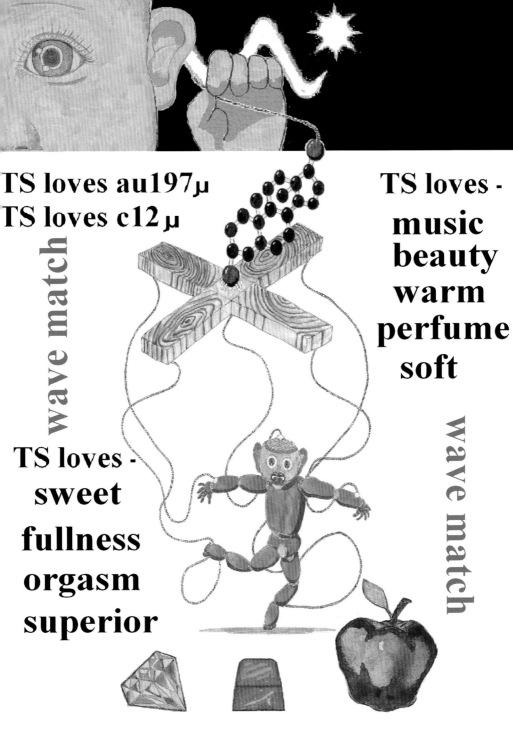

TS loves au197μ
TS loves c12μ

wave match

TS loves -
music
beauty
warm
perfume
soft

wave match

TS loves -
sweet
fullness
orgasm
superior

All wavers suffer from TS wave-addict!

3 本質 生命為何存在

生命為何存在 What is life for？

　　生命是一場以感應特定波形為求生機的病世界

　　為什麼生命體總是要聽得悅耳，看得艷麗，覺得溫暖，嗅得芳香，觸得柔順，嚐得鮮甜，食得飽足，殖得悵歡，識得優越？那是因為九個體器官需求的滿足是「生命存在」的證明！

　　所謂的生命其實是一場空無之中的波動，這一個所謂的生命世界並不是一個真實的物質狀態，而是以不同波相所呈現的假世界，所謂的生命體是證明「生命存在」的感應工具，波動背景場裏的所謂生命體是按照「感應波動」狀態所完成實現意刻指向性的形體，所謂的耳、眼、膚、鼻、手、嘴、腹、陰、腦九個體器官其實就是九個波段波相的接收感應器，這九個感應器各自接收特定範圍

的波訊息，並以這九個特定範圍波相的電磁波訊息的接收感應來做為「生命是存在」的證明。

　　波動背景場裏的生命體全都是有病的軀殼，這個病症叫做「特司它司特榮嗜波強迫症 Testosterone wave-addict syndrome」，所謂的生命體無一不是「嗜波強迫症」的絕症病患，生命體的耳朵嗜好聽曲韻合諧的樂音就是病，眼睛嗜好看嬌媚艷麗的形影就是病，膚體嗜好覺和煦溫暖的溫度就是病，鼻子嗜好嗅馨香芬芳的氣息就是病，雙手嗜好觸柔順舒適的感覺就是病，嘴舌嗜好嚐鮮嫩甘甜的口味就是病，腹肚嗜好食營養豐富的飽足就是病，陰下嗜好得愁歡悵悅的遺殖就是病，腦部嗜好覺優越高等的自識就是病，就連所謂的喝水與呼吸也是「嗜波強迫症」的病狀！

　　「凝聚態軀殼」的九個體器官其實是九個波段波相電磁波訊

息的接收感應器，所謂的樂音、艷麗、溫暖、芳香、柔順、鮮甜、飽足、悵歡、優越就是九個感應器所喜愛的特定範圍的完美波形，這九個特定範圍的完美波形是「凝聚態軀殼」一定要尋求感應的波訊息，凝聚態軀殼的九個感應器就是以這九個特定範圍波形的感應做為「生命是存在」的證明，若是得不到這九個特定範圍波形需求的滿足，凝聚態軀殼會痛苦難堪，而採取暴動罪惡的手段以獲得滿足。

　　黃金、鑽石與婀娜多姿的裸體就是合乎九個感應器所需要的特定範圍電磁波波形，在波動背景場裏的凝聚態軀殼所聽，所看，所覺，所嗅，所觸，所嚐，所飽，所殖，所識的全都不是實體，而是不同波段波相的電磁波訊息，就連所謂的黃金、鑽石與婀娜多姿的裸體也都是波形密集的凝聚態電磁波，所謂的生命體是天生註定喜愛聽樂音，看艷麗，覺溫暖，嗅芳香，觸柔順，嚐鮮甜，食飽足，

殖悵歡，識優越，也天生註定喜愛黃金鑽石與婀娜多姿的裸體，其
實九個感應器所嗜好喜愛的全都不是實體物質，而都是早已預設且
註定好了的波形對應所致之，凝聚態生命體就是以這一些本相是電
磁波的特定範圍波形的感應來做為「生命是存在」的證明。

4 本質 罪惡從何而起

罪惡從何而起 Where is sin from？

　　生命是一場爭求美麗波形式證明存在的畜世界

　　「凝聚態軀殼」的一思一行，一舉一動都是罪惡，九個體器官不論任何形態的慾聽，慾看，慾暖，慾嗅，慾觸，慾嚐，慾飽，慾殖，慾識全都是罪惡，就連所謂的喝水與呼吸也都是罪惡，凝聚態軀殼的所有慾求全是因為「特司它司特榮嗜波強迫症Testosterone wave-addict syndrome」的逼迫驅使所引起的病狀。

　　罪惡的發生尤其在雙性雌雄分體生殖形式的「凝聚態軀殼」上最為顯著與強烈，雌雄分體生殖形式的「凝聚態軀殼」是特定美麗波形式的苛求體，雌雄生殖迷體不僅要聽還要苛求聽得悅耳，不僅要看還要苛求看得艷麗，不僅要覺還要苛求覺得溫暖，不僅要嗅

還要苛求嗅得芳香，不僅要觸還要苛求觸得服順，不僅要嚐還要苛求嚐得鮮甜，除了一身體器官能上的需求外還要強烈地占有無以計數的黃金鑽石以做為象徵如同孔雀漂亮眩目的羽翼與豹虎斑斕耀眼的皮紋來獲得更多婀娜裸體的甘心雌伏受殖，甚至還要慾想霸占整個世界成為所有軀殼崇敬跪拜臣服的帝王。

　　雌雄生殖迷體無一不是嗜求美麗波形式的畜生，欺窮鄙弱，嫌殘棄貧，甘心或陽奉陰違地臣服在富貴權勢之下唯唯諾諾，仗權附勢，如畜仰食，如犬搖尾，雌雄分體生殖形式的凝聚態軀殼全都是註定嗜求美麗波形的畜生；雌雄生殖迷體的畜生病的症狀就是彼此較強鬥美，爭多比勝，彼此用造謠、謊言、猜疑、嘲訕、憤怒、偏私、比較、驕傲、嫉妒、厭惡、苟且、詛咒、剛愎、怨懟、嫌棄、輕蔑、算計、輕浮、窺視、意淫、貪食、欲聽、欲暖、鬥毆、傷害、搶劫、偷竊、姦淫、詆譭、詐騙、侵占、背叛、誣陷、謀奪、殺害、

戰爭的罪惡來做為生命的內容並且做為生命是存在的證明！

　　特司它司特榮凝聚態軀殼 Testosterone-waver 無一不是行罪
使惡的畜生

　　「凝聚態軀殼」所有對於美麗波形式的追求都是罪惡，九個
體器官的需求無一不是罪惡，罪惡是波動造生作用下一種必然且絕
對註定存在的狀態，罪惡來自於凝聚態軀殼上的一種波形對應的機
制，這一種對應波形的機制就是引發所謂罪惡的禍源，這個對應機
制就是「特司它司特榮理型對應 Testosterone ideas match」，
凝聚態軀殼要活在波動背景場裏就絕對依靠這一個對應機制，罪惡
其實就是這一個對應機制所引發的效果，雌雄分體生殖形式的凝聚
態軀殼之間會產生欺窮鄙弱，嫌殘棄貧與較強鬥美，爭多比勝的現
象全是因為這一個對應機制所致，凝聚態軀殼之所以會嗜聽樂音，

嗜看艷麗，嗜覺溫暖，嗜嗅芳香，嗜嚐鮮甜，會喜愛黃金鑽石與婀娜裸體就是這個對應機制所產生的功效。

　　「罪惡是證明生命存在的內容」，這一個所謂的生命世界其實是波動作用下仿真仿實的擬生狀態，存在的全是波而不是所謂的實體，所謂的生命世界是一場從連沒有也沒有的空無之中的波動，而所謂的生命就是這一個波動背景場裏的波形波影，每一個假原子凝聚態形式的生命體軀殼所處在的環境是早已預置好的波世界，凝聚態軀殼內存在著一種對應波訊息的機制，這個對應機制來自於「特司它司特榮理型」，這個存在於生命體內的對應機制逼迫著九個體器官一定要尋求特定範圍電磁波波訊息的滿足，它「特司它司特榮理型」除了逼迫生命體一定要聽得好，看得好，吃得好之外，還逼迫要喜愛黃金鑽石與婀娜嬌媚的裸體，所有的罪惡就是理型對應下所引發的現象，理型對應作用製造出許許多多不可思議的現象，而

其中所有形態的所謂罪惡與所有光怪陸離的事物其實是「證明生命
存在」不得不行的無奈。

5 本質 罪惡為何存在

罪惡為何存在 What is sin for？

　　生命是一場含括罪愛惡善以證明存在的鬼世界

　　波動作用下所實現的所謂生命是一場無論如何都要證明存在的夢境，波動造生背景場的本相是一個無聲、無光、無色、無溫、無氣、無味、無形、無重量、無空間的狀態，存在的是波，不是實體。

　　什麼是鬼？其實整個所謂的生命世界就是一場波動狀態下的鬼世界，從眼睛看好像有無止無數的形體，從九個體器官的感覺上這是一個真實存在的世界，可是真相並非所見者，也並非所覺者，事實上眼睛與八個體器官所有的感應知覺全是經過「轉波定影」機制的變造後呈現在自體之內的偽覺偽象，所謂的生命體九個體器官

所接收的全是波動背景場裏不同波段波相的電磁波訊息，嘴口所喝飲的水是波，鼻子所吸嗅的氧是波，就連雙手所捧拾的黃金鑽石也是波。

眼睛所看到的生命世界是經過轉換機制所變造後呈現在自體上的偽知覺，也就是說所謂的生命世界有二個不同面貌的狀態，眼睛與八個體器官所感覺到的狀態是轉換作用偽造後呈現在自體內部仿真仿實的假世界，而未經轉換的另一個狀態則是所謂生命的真實本相，這個真實樣貌就是不同密集程度波形波相的「波動」，不同密集程度的「波動」才是所謂生命真正的本相；什麼是鬼？耳聽波，眼看波，膚覺波，鼻嗅波，手觸波，嘴嚐波，腹飽波，陰殖波，腦識波的假原子形式凝聚態軀殼全都是鬼！全都是鬼！

波動作用所實現的所謂生命是一場假生假世，在這一場造假的

生命狀態裏一定會發生眾多所謂不可思議，不能想像的現象用以證明「生命存在」，所謂的光怪陸離，所謂的驚世駭俗，其實都是波動造生作用下必然且註定發生的現象，如同這一個所謂生命世界的存在一樣不可思議，最驚悚駭異的其實就是所謂生命世界的存在。

　　從眼睛與八個體器官感覺到的狀態其實全是造假的自體內覺，「轉波定影」機制的造假目的就是要實現對於生命的極度渴望，這個所謂的生命世界其實是一個孤獨振盪之下的波動，在波動背景場裏所有的運作就是要證明「生命存在」，觀省以波動作用所實現的所謂生命世界其實核心的真相就是一場「自己宰殺自己」，「自己姦淫自己」，「自己吞噬自己」，「自己輕鄙自己」，「自己謀奪自己」，「自己仇恨自己」的騙局。

　　一個孤獨振盪下的波動就是實現所謂生命的背景，所謂生命

世界的背景事實上是一場連沒有也沒有在空無之中的波動，生命只是空無之中的一場波動，所謂的生命是一場波動中的現象，波動背景場是一個早已預設註定的夢境，沒有偶然，波動背景場中所有的現象全都萬般註寫，其實無生最苦，無生最悲，所謂的愛和罪與所謂的善和惡全是生命存在的內容，而唯一的目的就是要證明「生命存在」，生命其實是一場自己欺騙自己的夢境。

SIN

IN THE WAVING

TO TS WAVER WHO DOES·
ALL SIN IN THE WAVING·
PROVING :

THIS IS TO CERTIFY THAT
THE WAVING INSTALL THE TS
IN WAVE-CONDENSATIONER
BY ACT WITH NINE SENSORS
TO PROVE LIFE · IN WAVING

HAS AWARDED

THE TS SIN MEDAL

TO

TS WAVER
FOR SIN
IN THE WAVING

THE WAVING

EVERY WAVER FATED THIS
TS ORDERS WAVER TO DO ALL SIN
NO MATTER WHAT WAVER DOES ALL SIN

FOR PROVING LIFE IN THE WAVING

6 本質 罪惡是證明生命存在不得不的無奈

罪惡是證明生命存在不得不的無奈

　　一場波動製造出一個虛假的所謂生命世界
　　爭多比勝　較強鬥美　欺窮鄙弱
　　嫌殘棄貧是這個世界證明存在的內容

　　造謠　謊言　猜疑　嘲訕　偏私　比較　厭惡　苟且　懶惰
　　詛咒　剛愎　怨懟　嫌棄　輕蔑　算計　輕浮　窺視　好奇
　　貪食　欲暖　驕傲　炫耀　意淫　鬥毆　傷害　搶劫　偷竊
　　姦淫　詆譭　詐騙　侵占　誣陷　背叛　謀奪　殺害　戰爭是這個虛
生假世的無奈

　　波動主要的目的就是要用罪惡來證明存在

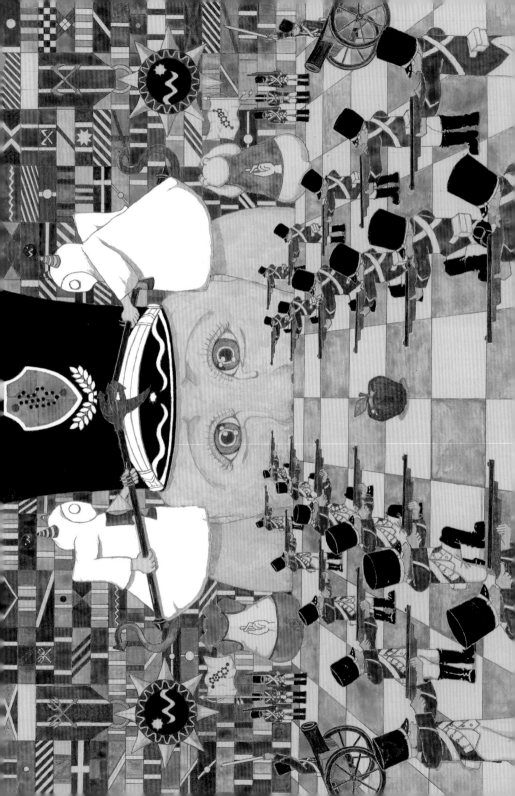

7 本質 波動主要的目的就是要用罪惡來證明存在

波動主要的目的就是要用罪惡來證明存在

殺戮不會停止 罪惡不會停止

較強鬥美 爭多比勝不會停止
欺窮鄙弱 嫌殘棄貧不會停止
造謠 謊言 猜疑 嘲訕 憤怒 偏私 比較 驕傲 嫉妒
厭惡 苟且 詛咒 剛愎 怨懟 嫌棄 輕蔑 算計 輕浮
窺視 意淫 貪食 欲聽 欲暖 鬥毆 傷害 搶劫 偷竊
姦淫 詆毀 詐騙 侵占 背叛 誣陷 謀奪 殺害 戰爭不會停止

只要波動存在 罪惡就永不停止
波動主要的目的就是要用罪惡來證明生命存在

8 本質 看似萬生萬物

看似萬生萬物

一場波動製造出的所謂生命世界 看似萬生萬物 看似無邊無際
而其實在那眼睛裏呈現的所謂生命世界的實相是一個不可告示的驚
駭

無波不生 無生不波

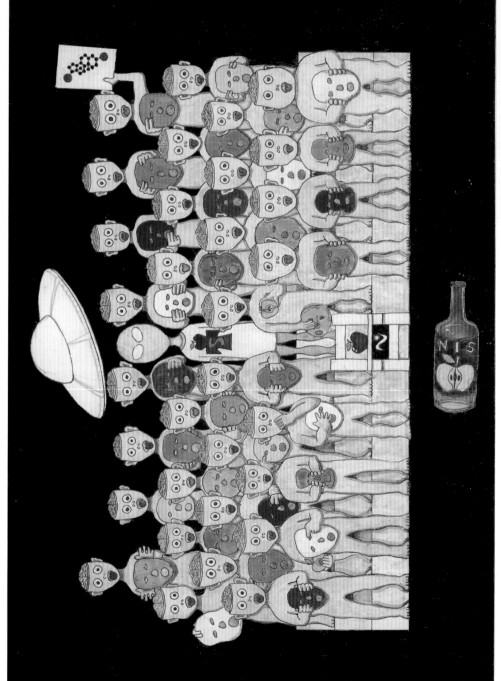

9 本質 無波不生

無波不生

波動狀態裏的萬千眾生　無波不生

聽波　看波　覺波　嗅波　觸波　食波　飽波　殖波　識波

無生不波　無波不生

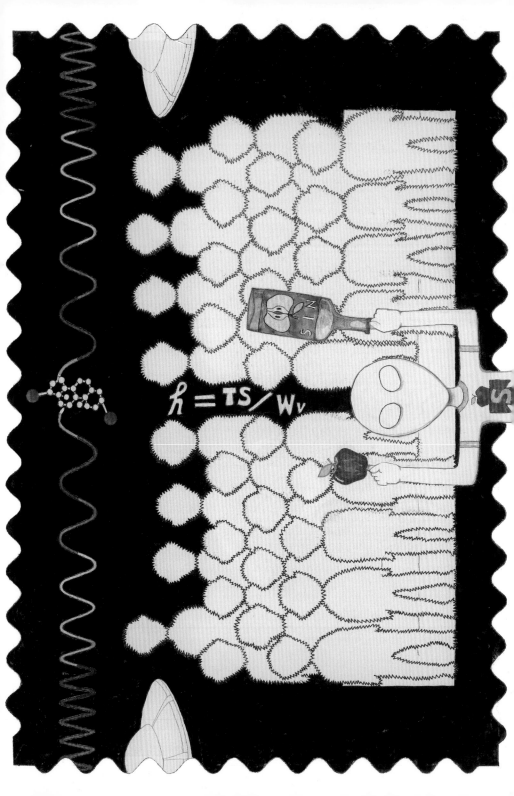

10 本質 全都是鬼

全都是鬼

波動造生作用下的凝聚態軀殼即所謂生命

凝聚態軀殼全都是鬼

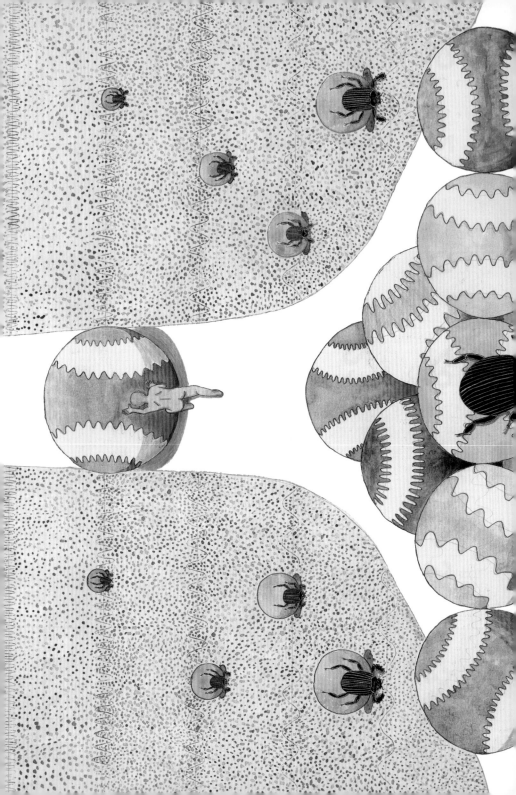

 **11** 本質 每天推九個大球

什麼是生命

每天不停反覆推著九個大球上高頂　然後落下　然後上推

然後落下　然後上推　然後落下　然後上推　然後落下　然後上推

落下　上推　落下　上推　落下　上推　落下　上推　落下　上推

每天推九個大球上高頂　再落下　再上推　　反反覆覆　這就是所謂的

生命

12 本質 註定禁錮

註定禁錮

波動造生作用之下的所有凝聚態生命體 WAVER 全都關在牢籠裏
所謂的生命是波動造生作用下註定的禁錮

所謂的生命是一場騙局之下的註定禁錮

13　本質 畜生惡鬼罪犯

畜生惡鬼罪犯

你是誰　你是畜生　你是惡鬼　你是罪犯
你是特司它司特榮的傀儡

你怎麼可以槍殺別人　你認為自己是好人
你怎麼可以槍殺別人　你自己就是畜生　你怎麼可以槍殺別人
你怎麼可以槍殺別人　你自己就是盜賊　你怎麼可以槍殺別人
你怎麼可以槍殺別人　你自己就是鬼丑　你怎麼可以槍殺別人
你怎麼可以槍殺別人　你自己就是罪犯　你怎麼可以槍殺別人
你怎麼可以槍殺別人　你自己就是妓女　你怎麼可以槍殺別人

你一直認為自己是好人 而好人可以槍殺別人

特司它司特榮畜生 盜賊 鬼丑 罪犯 妓女
怎麼可以穿著制服握持殺戮槍械對著別人

特司它司特榮所操控的傀儡沒有資格槍殺別人
特司它司特榮畜生 惡鬼 罪犯沒有資格槍殺別人

110

There is no police in the WAVING .
TS waver must satisfy nine organs .
Corruption is normal ,TS waver is capital .
TS waver can not be the so-called police .

TS dolice do any sin behind the uniform .
lousy lice , capital absolutely /

14 本質 誰都沒有資格穿制服

誰都沒有資格穿制服

你是誰 你是畜生 你是惡鬼 你是罪犯 你是特司它司特榮的傀儡

你是特司它司特榮畜生 盜賊 鬼丑 罪犯 妓女怎麼可以穿制服
特司它司特榮所操控的傀儡沒有資格穿制服
特司它司特榮畜生 惡鬼 罪犯沒有資格穿制服

波動造生作用下誰都沒有資格穿制服

The box unloose nothing but all sin in the Waving

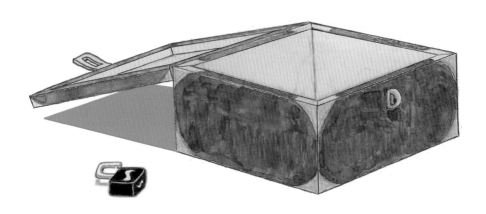

生命的起源

1　生命的起源

生命的起源

　　生命體的眼睛和所有感覺器官所看到與感受到的這一個所謂生命世界正是一個造假的世界

　　這一個所謂的生命世界其實有二個完全不同的樣貌，生命體的感覺器官所看到和感覺到的樣貌是經過體內轉換機制改變後呈現在生命體內部的假現象，從所謂的光，所謂的色彩，所謂的溫度開始再到所有感覺器官的所有感受全都是經過轉換後呈現在生命體內部的偽知偽覺；生命體內部的轉換機制徹徹底底地完全改變掉真實的本相和原貌，以企圖製造生命是存在的狀態，生命體能夠感覺這個世界存在，感覺物質存在，關鍵就是生命體進行造假，而生命體自體造假的目的就是為了要實現生命！

　　所謂的生命世界支撐的背景是一場波動 Act-wave

　　生命起源於一場波動，波動才是生命世界的本相和原貌，這一場波動製造了一個仿真仿實的擬生狀態 Real life Imitation，所有所謂的物質與所有的生命體全都是這一場波動下所凝結而成的狀態，所謂的物理與化學在作用波 (ACT-WAVE) 的背景裏運作，生命是一種現象，一種波動凝結所製造的現象，所謂的物理與化學其實全是生命體感覺器官的造假，眼睛所看見到的，膚體所感覺到的全是波動訊息轉換後呈現在生命體內部的偽知覺，所謂的物理與化學其實是波動本相經過生命體內部轉換後的假現象，所謂的生命世界其實沒有光，沒有色彩，也沒有溫度，只有波動，只有波動狀態之下定稱為電磁波的波動；生命其實是一場波動，物理現象中所謂的能量其實是不同波長頻率的波動訊號，所有的物質與生命體所接收到的不是能量，而是不同波長頻率的訊號波，是不同波長頻率的訊號波通知物質與生命體進行所謂的感應知覺與及運動，生命體的造假作用把原是波動的本相轉換成光，轉換成色彩，轉換成溫度和

118

形體，物理與化學其實是生命體轉波定影作用變造之後呈現在生命
體內部的假現象。

　　眼睛看到的全是轉換變造後的假象，不同波長頻率的波動訊
息變成了眼睛所看見到的光與色彩與形體，波動的訊息變成了膚
體所感覺到的所謂溫度，關鍵就在於生命體內部存在著一個轉換
波相的機制，這一個轉波定影的轉換機制叫做特司它司特榮解釋
TESTOSTERONE TRANSLATION。

　　特司它司特榮 TESTOSTERONE 是生命體內部的晶體振盪器
crystal oscillator，它在生命體內部產生一個萬能對應的振盪訊
號源，就是特司它司特榮 TESTOSTERONE 這一個振盪晶體所振盪出
的波長頻率訊號源對應著外在波動狀態下所有的電磁波訊息，特
司它司特榮 TESTOSTERONE 訊號源最重大的作用，就是接收和對應

外部電磁波訊息並將所有的電磁波訊息進行轉換，特司它司特榮
TESTOSTERONE 訊號源在生命體內部把電磁波波動的本相轉換成偽
知覺，把電磁波波動的本相轉換成假知覺假感受，也就是說特司它
司特榮 TESTOSTERONE 把電磁波訊息轉換成生命體所看見到的光，
把電磁波訊息轉換成生命體所看見到的色彩，也把電磁波訊息轉換
成生命體所感覺到的所謂溫度和觸碰到的所謂實體。

　　生命起源於一場電磁波，所謂的生命體其實是凝聚態的軀殼，
生命的真實本相就是電磁波，關鍵就在於凝聚態的軀殼的造假，而
造假的關鍵就在於生命體內部的所謂荷爾蒙 hormone，又稱為睪固
酮的特司它司特榮 TESTOSTERONE 它接收對應並解釋轉換了電磁波
的真實樣貌。

　　TESTOSTERONE translates signal-waves into fake-real.

The so-called life world made by a - WAVING .

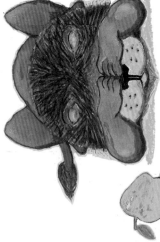

2 起源 生命源起於一場波的動量

水是波　風是波　土是波　火是波　上下四方是波
過去是波　現在是波　末來是波

一場波動量之下　在空無中打開一個世界
波凝結成水　波凝結成土　波凝結成萬生萬物

沒有水　沒有風　沒有土　沒有火
沒有過去　沒有現在　沒有末來
沒有萬生萬物

只有波

萊恩驚嚇不已

3 起源 只有波動才能製造出一個所謂的生命世界

正因為是波才會有所謂的聲音

正因為是波才會有色彩　才會有光亮

正因為是波才會有所謂的溫度

正因為是波才會有氣味　才會有物體

不同波長頻率的波動造成不同的聲音　色彩　光亮

不同波長頻率的波動造成不同的溫度　氣味　物體

「看」似萬生萬物的所謂生命世界全都是波

羅比特認真地探究

4 起源 能量是偽知覺

能量是偽知覺

凝聚態生命體 Waver 九個器官的感覺感受全都是經過轉換機制變造
後呈現在自體上的假象
根本沒有熱 根本沒有溫度 只有波 只有不同波長頻率的波動
凝聚態生命體將「非溫度」的訊息波 signal-wave 轉換成自體上燒
灼的偽知覺

艾樂芬特 傑瑞福 比可 貝爾都認真聽講 可是萊恩聽曉後卻驚駭不
已

5 起源 所謂的生命是波的形式

所謂的生命是波的形式

沒有空間 在波動造生背景場中只有波動沒有空間
沒有時間 在波動造生背景場中只有波動沒有時間

從沒有空間 沒有時間的狀態中振盪出一個所謂的生命世界
無垠浩瀚的是波 不是宇宙 沒有宇宙 只有波動
波動有多劇烈 眼睛裏所看到的世界就有多鉅大

不同波長頻率造成不同樣貌的萬千物相

凝聚態生命體將波動造生背景場中的所有「訊息波 signal-wave」
轉換成自體上的偽知覺

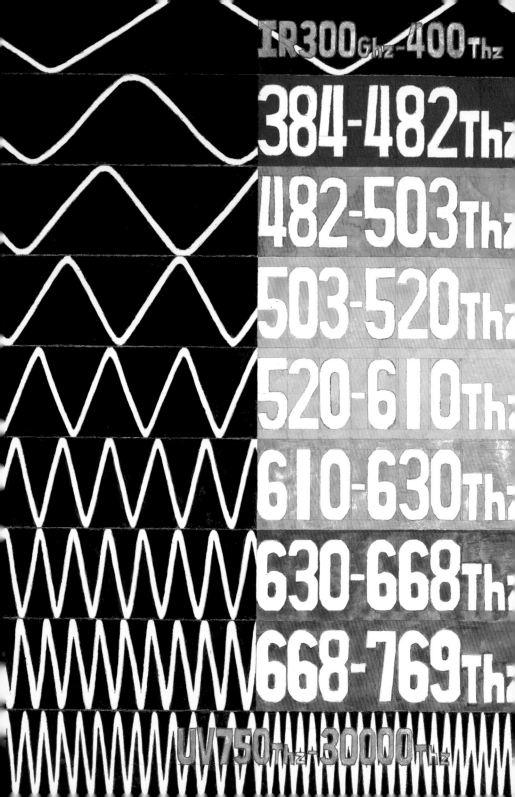

IR 300 Ghz - 400 Thz

384 - 482 Thz

482 - 503 Thz

503 - 520 Thz

520 - 610 Thz

610 - 630 Thz

630 - 668 Thz

668 - 769 Thz

UV 750 Thz - 30000 Thz

6 起源 波變成了色彩和光和溫度

無波不生

「特司它司特榮」將 20HZ 赫茲到 20,000 HZ 赫茲的訊息波 signal-waave（電磁波）轉換解釋成耳朵聽到的所謂聲音

「特司它司特榮」將頻率範圍 384Thz 兆赫至 769Thz 兆赫的訊息波 signal-waave（電磁波）轉換解釋成眼睛看到的所謂色彩和光

「特司它司特榮」將頻率 300 GHZ 到 30000 THZ 的訊息波 signal-waave（電磁波）轉換解釋成膚體感覺到的所謂溫度

「特司它司特榮」將凝聚態假原子頻率範圍為不定數 Å 振幅限度 10^{-10}m HZ
的訊息波 signal-waave（電磁波）轉換解釋成眼睛看到和雙手觸碰到的所謂物體

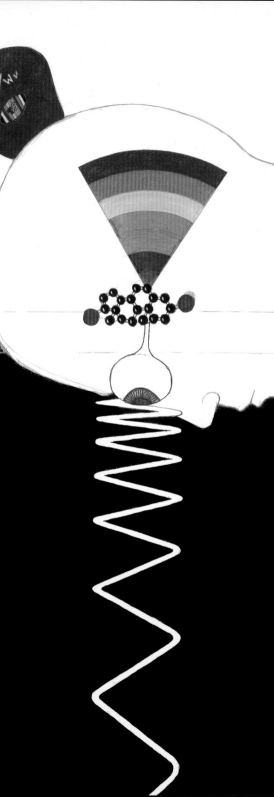

TS switchs signal-wave into color and light in waver

Non-color Signal-wave
384Thz-769Thz

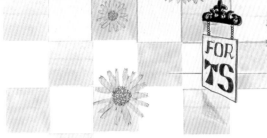

7 起源 波的轉換

無波不生

聲音的本相是頻率範圍 20 HZ 赫茲到 20,000 HZ 赫茲的訊息波 signal-wave（電磁波）波長範圍為 1.7cm 至 17m 之間

色彩和光的本相是頻率範圍 384Thz 兆赫至 769Thz 兆赫的訊息波 signal-wave（電磁波）波長為 390nm 奈米至 780nm 奈米

溫度的本相是頻率300 GHZ到30000 THZ的訊息波 signal-wave（電磁波）波長 1 毫米 millimeter 的紅外線區至紫外線區 10nm 奈米

物質的本相是凝聚態假原子頻率範圍為不定數 Å 振幅限度 10^{-10}m HZ 的訊息波 signal-wave（電磁波）
電子康普頓波長 (Compton) 2.42631×10^{-12}m

質子康普頓波長 (Compton) 1.32141×10^{-15}m

中子康普頓波長 (Compton) 1.31959×10^{-15}m

物質的本相是凝聚態的波

特司它司特榮 TESTOSTERONE 凝聚態軀殼將波訊息轉換成自體內的
偽知覺

即所謂的聲音 光亮 色彩 溫度 氣息 口味 物體 空間 重量

The so-called life world is made by a WAVING .
all so-called life made of WAVE , wave-condensationer !

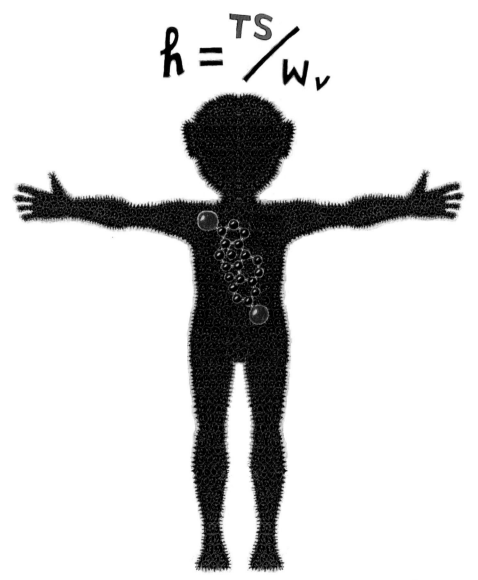

$$\hbar = {}^{TS}\!/_{W_\nu}$$

TS is the key that switches waves into -
fake-feelings .

8 起源 希格斯波場

無波不生

只有希格斯作用波 ACT-WAVE 沒有粒子

波動造生作用在 不是空間 沒有時間的狀態中振盪出一個「希格斯波場」

而所謂的粒子物體全是波場中刻意指向下的「愛因斯坦凝聚態」

其實所謂的粒子物體真實原貌全都是波 凝聚態的波 CONDENSATION-WAVE

「特司它司特榮」控制下的凝聚態生命體將九個體器官所接收到無聲

無色 無光 無溫 無味 無形 無體的訊息波轉換成 聲音

色彩 光亮 溫度 氣味 口味 物體

「特司它司特榮」轉換機制的作用是保持生命存在的重大術法

「特司它司特榮」轉換機制的作用是保持生命存在的無奈詐術

Don't be curious .
the other waver does
what you do for TS .
there is no secret

in the WAVING .

You shall know
what life from .

9 　起源 凝聚態軀殼將波訊息轉換成偽知覺

凝聚態軀殼將波訊息轉換成偽知覺

「特司它司特榮」軀殼將不同振幅

即無聲 無色 無光 無溫 無味 無形 無體的波訊息 SIGNAL-WAVE

轉換成軀殼內所謂聲音 色彩 光亮 溫度 氣味 口味 物體 空間 重

量

凝聚態軀殼將波訊息轉換成偽知覺

生命的目的

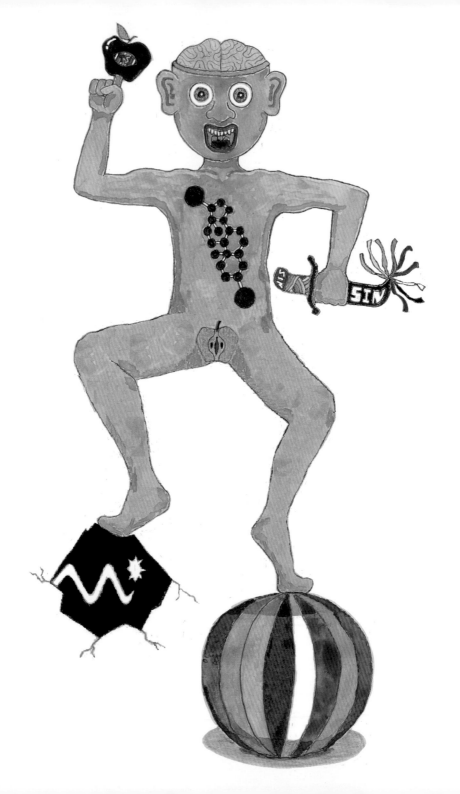

1 生命的目的

生命的目的

　　滿足九個體器官以感覺存在　就是所謂生命的目的

To satisfy nine organs to make the feeling of being existence is the
purpose of life.

　　生命存在，物質存在的感覺全都是波訊息在自體內轉換後的
偽知覺，所謂的存在是偽知覺，而九個體器官的感應知覺都是偽覺
偽象；生命就是以偽覺偽象來完成一場實現生命，證明生命的自我
欺騙，生命是一場不得不行，不得不實現的自我廢刻 self-fake 與
廢得 self-fate，為了滿足體器官需求而製作出的繪畫、音樂、文
章、歌唱、雕塑、舞踏、電影、服裝、美食與及因為滿足體器官需
求而衍生出的淚水、笑容、痛苦、喜悅都是證明生命，實現生命的
代名詞，卻也是終歸於空無的一場廢生廢得。

　　實現所謂生命狀態的作用是一場極端振盪的波動，生命真實的樣貌是不同波相的電磁波，而生命體的本身就是電磁波體 wave-condensationer，在電磁波波譜上九個體器官全形的生命體是最後一個形式的電磁波狀態，九器全形的電磁波體也是自證生命存在主要的形式。

　　生命是一場自我證明，波動造生作用下主要實現的生命形態就是九器全形的凝聚態生命體，九器全形的凝聚態生命體以波對應 wave match effect 的作用達成 -「生命是存在」的目的，即接收不同波長頻率訊息波後以轉換成所謂的知覺和感受製造生命存在的企盼。

　　九器全形生命體的耳朵所聽，眼睛所看，皮膚所覺，鼻子所嗅，雙手所觸，嘴舌所嚐，腹肚所飽，陰下所殖，腦部所識者全是

波動背景場裏不同波長頻率的電磁波，聲音是波，光亮是波，色彩是波，溫度是波，氣息是波，口味是波，形體是波，九器全形的凝聚態生命體內部存在的轉波定影作用將不同波段波相的電磁波轉換成自體之內的所謂感應知覺，把波轉換成自體內覺的所謂光，所謂色彩，所謂溫度，所謂氣味，所謂形體，也就是將波的本相轉變成自體之內的偽知覺，即從虛無轉換成造假。

　　而來自於生命體自體轉換作用的信號源，特司它司特榮TESTOSTERONE 內頻也同時在生命體內形成萬能對應的理型，特司它司特榮 TESTOSTERONE 內頻所形成的理型逼迫並刺激著九器全形的凝聚態生命體追求 - 特定完美電磁波，即美麗波形式的滿足，特司它司特榮 TESTOSTERONE 理型逼迫九器全形生命體的耳朵要聽得悅耳，眼睛要看得艷麗，皮膚要覺得溫暖，鼻子要嗅得芳香，雙手要撫得柔順，嘴舌要嚐得甘甜，腹肚要飽得足養，陰下要殖得悵悅，

腦部要識得自證；而所謂悅耳的聲音，艷麗的形影，暖和的溫度，芳香的氣息，甘甜的味道就是特定完美的電磁波波形，特司它司特榮 TESTOSTERONE 內頻所形成的理型徹底讓凝聚態生命體活在一場本相是電磁波的狀態之中，讓凝聚態生命體彷彿獲得如同是真實的生命一般，醺醺然，陶陶然，但是特司它司特榮 TESTOSTERONE 內頻所形成的理型也同時讓凝聚態生命體活在一場罪惡的爭逐中，無可以覺，無可以醒地進行著 - 自己姦淫自己，自己迫害自己，自己謀奪自己，自己砍殺自己的實現生命的夢。

　　證明生命存在的手段全都是罪惡，罪惡是生命的全部，罪惡是波動造生作用下不得行的無奈，每一個凝聚態軀殼都是惡鬼，都是惡畜，都是為了證明生命存在表演出善愛罪惡的小丑傀儡，而所有的傀儡早已註定背負刑責 - 唯一死刑！

TS makes all sin to prove the existence of life in the WAVING .
Using the sin to prove life is the meaning by the WAVING ∕

The sin is all of life .

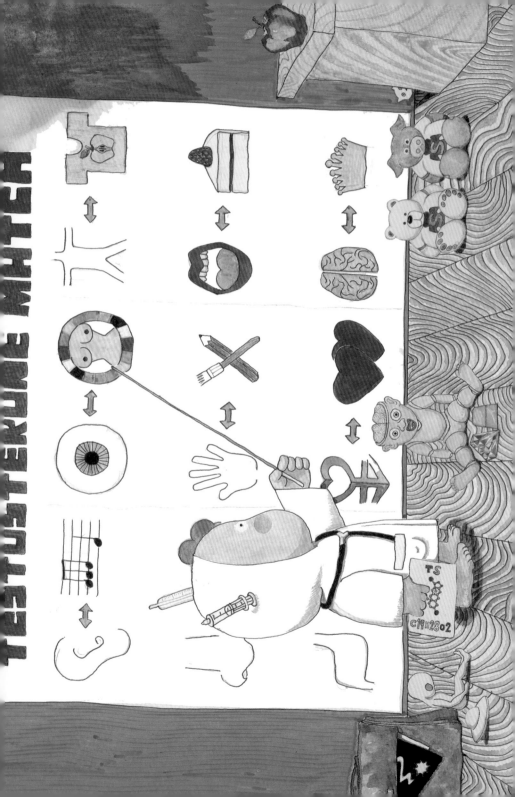

2 目的 特司它司特榮強迫症

特司它司特榮強迫症

每一個凝聚態軀殼都要滿足九個特定範圍理想波形
耳要聽得愉悅 眼要看得艷麗 膚要覺得溫暖 鼻要嗅得芳香
手要觸得柔順　嘴要嚐得鮮甜 腹要食得飽足 陰要殖得悵歡
腦要識得優越

要滿足九個體器官就必然產生罪惡
罪惡是證明生命存在不得不的無奈

3 目的 滿足九個體器官

滿足九個體器官

「特司它司特榮 TESTOSTERONE」逼迫凝聚態軀殼一定要滿足九個
體器官的需求

「特司它司特榮 TESTOSTERONE」逼迫凝聚態軀殼一定要聽得悅耳
看得艷麗　覺得溫暖　嗅得芳香　觸得柔順
嚐得甘甜　食得飽足　殖得悵悅　識得優越

要滿足九個體器官就必然產生罪惡　罪惡是證明生命存在不得不的
無奈

4 目的 九器全形的軀殼全是罪惡鬼小丑

九器全形的軀殼全是罪惡鬼小丑

鬼小丑要努力　鬼小丑要奮鬥　鬼小丑要積極
鬼小丑要光榮　鬼小丑要名利　鬼小丑要成功
鬼小丑還要很多很多很多的黃金與鑽石

特司它司特榮讓凝聚態的軀殼要努力　要奮鬥　要積極以獲得九器的爽快
特司它司特榮讓凝聚態的軀殼要成功　要光榮　要名利以獲得九器的爽快

特司它司特榮讓凝聚態生命體努力　奮鬥　積極所獲得的成功　光榮
名利就是為獲得九器的爽快

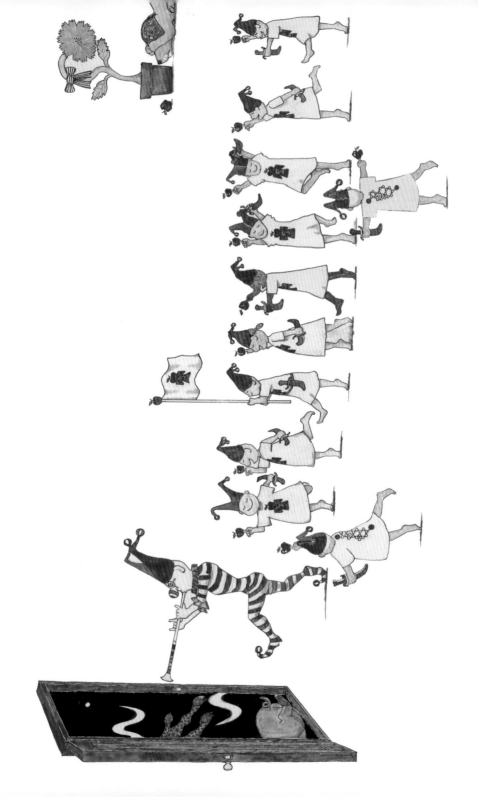

5 目的 特司它司特榮帶領所有的鬼小丑

特司它司特榮帶領所有的鬼小丑

特司它司特榮帶領所有的鬼小丑進入波動的狀態裏
展開一場所謂有愛有善有惡有罪的所謂生命之旅

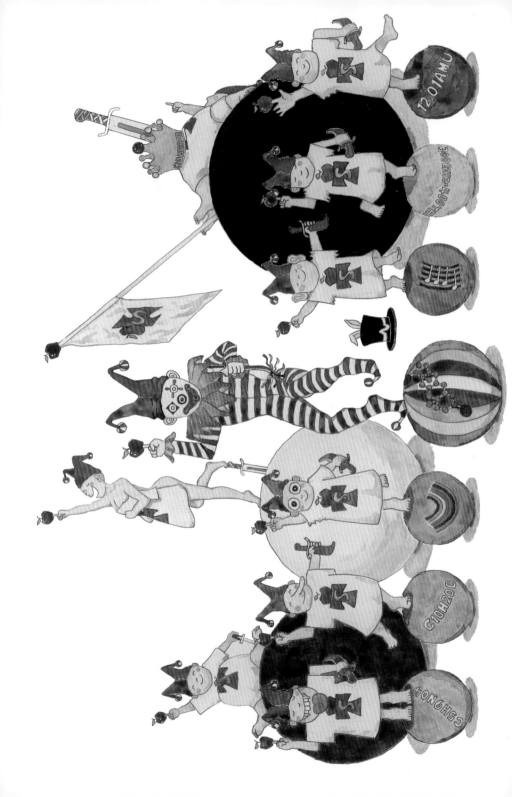

6 目的 鬼小丑們歡天喜地

鬼小丑們歡天喜地

在特司它司特榮的帶領下鬼小丑們在波動的狀態裏
歡天喜地地尋求耳朵的快樂　眼睛的快樂　膚體的快樂
鼻子的快樂　雙手的快樂　嘴舌的快樂　腹肚的快樂　陰下的快樂　腦
識的快樂

鬼小丑們汲汲營營　一下子哭　又一下子笑
汲汲營營的鬼小丑　一下子笑　又一下子哭
又哭又笑　又笑又哭

7 目的 特司它司特榮要做帝王

特司它司特榮要做帝王

做一個統治全世界的帝王可以時時日日讓耳朵聽得爽快
眼睛看得爽快 膚體覺得爽快 鼻子嗅得爽快 雙手觸得爽快
嘴舌嚐得爽快 腹肚飽得爽快 陰下殖得爽快 腦子識得爽快
特司它司特榮還不想死 它要永生 它愛爽快
它要做永遠爽快的帝王

比可也想要做統宰全宇宙萬人朝跪敬拜的帝王

8 目的 鬼小丑敬拜鬼小丑

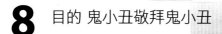

鬼小丑敬拜鬼小丑

波動造生作用之下的所有凝聚態生命體全都是鬼小丑

鬼小丑們不但跪拜帝王　鬼小丑們還對穿金戴銀跪拜　對富貴權勢跪拜

也對美麗漂亮的大加崇敬跪拜

特司它司特榮讓凝聚態的傀儡全是鬼小丑

鬼小丑們對權勢　對美麗　五體投地　不停地拜　不停地拜　不停地拜

鬼小丑真是滑稽

9 目的 特司它司特榮愛漂亮

特司它司特榮愛漂亮

特司它司特榮非常愛漂亮
特司它司特榮喜歡妝扮與展現美麗
凝聚態生命體要用漂亮的形式來證明生命存在
特司它司特榮凝聚態生命體愛漂亮 又愛表演
特司它司特榮要生命體用美麗的形式證明生命存在

愛漂亮 愛美麗 愛黃金鑽石是特司它司特榮逃避無生註定的自我麻痺
但追逐漂亮 追求美麗是罪惡的起點
波動造生作用下的所謂「生命」的全部都是罪惡

To satisfy nine sensors in Waving .
Every waver is buffoon in Waving

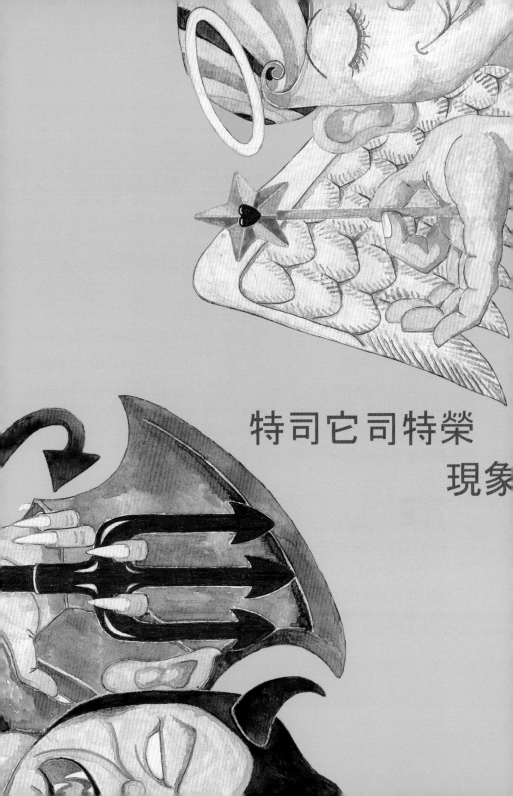

特司它司特榮
現象

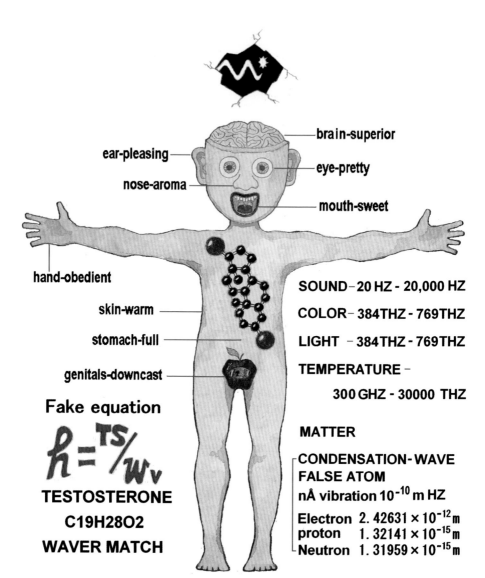

brain-superior

ear-pleasing

eye-pretty

nose-aroma

mouth-sweet

hand-obedient

skin-warm

stomach-full

genitals-downcast

SOUND — 20 HZ - 20,000 HZ

COLOR — 384 THZ - 769 THZ

LIGHT — 384 THZ - 769 THZ

TEMPERATURE —

300 GHZ - 30000 THZ

MATTER

CONDENSATION - WAVE
FALSE ATOM
nÅ vibration 10^{-10} m HZ

Electron 2.42631 × 10^{-12} m
proton 1.32141 × 10^{-15} m
Neutron 1.31959 × 10^{-15} m

Fake equation

$$\hbar = \frac{TS}{W_v}$$

TESTOSTERONE
$C_{19}H_{28}O_2$
WAVER MATCH

LOVE   SIN

$C_{11}H_{12}N_2O_3$ $C_9H_{13}NO_3$

1 現象 特司它司特榮凝聚態軀殼

特司它司特榮凝聚態軀殼

　　所謂的生命體全是一個波動量之下受特司它司特榮 TESTOSTERONE 所控制逼迫的凝聚態軀殼 condensation-waver 所謂生命其實是波的形式

　　耳眼膚鼻手嘴腹陰腦九個感應器全由「特司它司特榮」監督控制，祂將訊息波 Signal-wave 轉換成所謂聲音、光影、色彩、溫度、氣息、味道、形體、空間、重量

　　祂愛漂亮，愛美麗，祂施放 C9H13NO3 痛苦激素逼迫生命體用各種方式去獲得九器滿足，然後再以 C11H12N2O3 爽快激素使生命體無比舒坦。

　　「愛」的這個意義的背後就是罪惡！

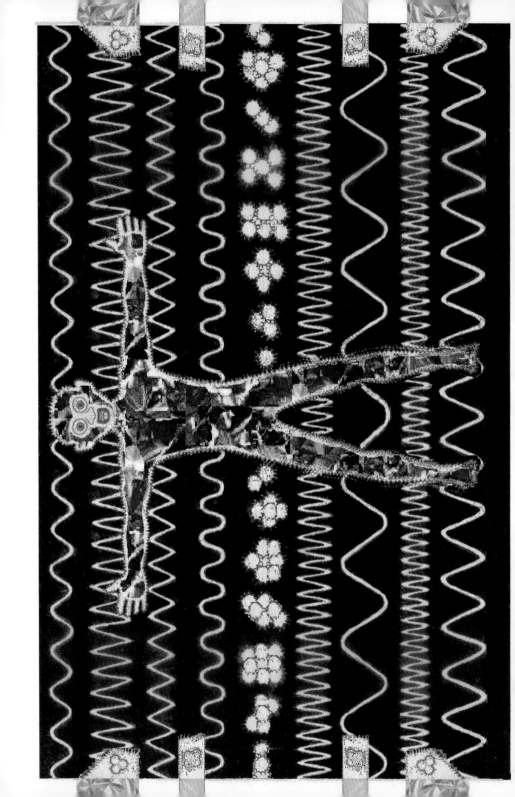

2 現象 特司它司特榮現象

特司它司特榮現象

特司它司特榮轉換解釋與追尋所有的波形
TESTOSTERONE makes waving as real.

將波動作用所製造出的生命狀態比喻成一場夢，那麼讓這一場夢能夠如真如實的主要關鍵就是凝聚態軀殼內的特司它司特榮 TESTOSTERONEC19H28O2 晶體，分子量 288.4amu 振盪頻率在波動狀態裏的對應與轉波定影，特司它司特榮 TESTOSTERONE 解釋波訊息的作用讓無形無影無光無味的波動原貌轉變成為一個具體具象有聲有色的擬真世界。Testosterone translates signal-wave into fake-real.

特司它司特榮 TESTOSTERONE C19H28O2 晶體是波動造生狀態下指揮並控制凝聚態軀殼的靈魂，它在所謂的生命體內振盪出的內

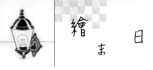

頻形成牢不可破，剛愎又頑固的理型，所有看似彷彿千千萬萬的生命體的九個體器官都絕對必須按照這一個內頻所架構出的理想內在形象去追逐，去尋求滿足；祂是波動造生作用狀態下製造「生命存在」企圖的保證和保障，祂讓每一個生命體孜孜不息，汲汲營營地去尋求九個體器官的滿足，祂是罪愛惡善的源頭，祂製造所有所有的事件，壞的歸祂，好的也歸祂，祂讓所有的軀殼既是天使又是魔鬼，祂的大能避開了連沒有也沒有的無生窒息！

　　除了「內在理型」，特司它司特榮 TESTOSTERONE C19H28O2 晶體的工作還有轉換波形，它將訊息波或稱電磁波 signal-wave 轉換成感覺感受，也就是將不同波長頻率的訊息波轉換成生命體上的「偽知覺」。

　　九個體器官是九個不同波段波相的感應器，所謂的生命體其實就是接收與感應波訊息的機器軀殼，祂將訊息波轉換成聲音，祂將訊息波轉換成光和色彩，祂將訊息波轉換成具有所謂燒灼感的所謂溫度，祂將凝聚態的訊息波轉換成所謂的物質；但是所謂的聲音、光影、色彩、溫度、氣息、味道、形體、空間、重量的感覺其實是經過轉換機制變造後呈現在生命體上的偽知覺；如 2 氫 1 氧的 H_2O，經過轉換就變成眼睛所看見即柔且流的所謂液體 - 水，碳 C6 分子則解釋成所謂晶瑩剔透的鑽石，au79 凝聚態訊息波解釋成澄黃光澤的所謂黃金！

　　未經轉換前的真實狀態是波動，無聲、無色、無光、無溫、無味、無形、無體、無空間、無重量的波動、波動才是存在的真實本相；而所謂的生命就是要尋求九個體器官對於九個美麗波段波相的滿足，九器對美麗波形的滿足是生命存在的證明。

　　特司它司特榮 TESTOSTERONE 晶體在生命體內的振盪形成一種
對應內頻，即「特司它司特榮理型 TESTOSTERONE　IDEAS」，這個內
在理型無時無刻不對應著生命體外所有的波形，九個體器官完全聽
命並服從於「特司它司特榮理型」，所有的軀殼都要不停地爭逐於
美麗漂亮的波形式，九個體器官的欲望全是理型對應的逼迫所致；
耳聽樂音、眼觀艷麗、膚覺溫暖、鼻嗅芳香、手觸柔順、嘴嚐甘甜、
腹食飽足、陰殖悵歡、腦識優越，九個體器官全在「特司它司特榮
理型」的審視下滿足需求，若是不能滿足「特司它司特榮」所形成
的內頻理型，祂就施放 C9H13NO3 痛苦激素以逼迫生命體用各種方
式去獲得滿足，然後再以 C11H12N2O3 爽快激素使生命體無比舒坦。

　　愛漂亮，愛美麗是罪惡的，「愛」的這個意義的背後就是罪
惡！

　　黃金鑽石與婀娜裸體完全符合「特司它司特榮理型」的對應，所以凝聚態的生命體會用盡各種手段去爭得黃金鑽石，以獲得婀娜裸體的雌伏受殖，凝聚態的生命體是受逼迫註定喜愛黃金鑽石，也註定受逼迫去喜愛婀娜窈窕漂亮的裸體。

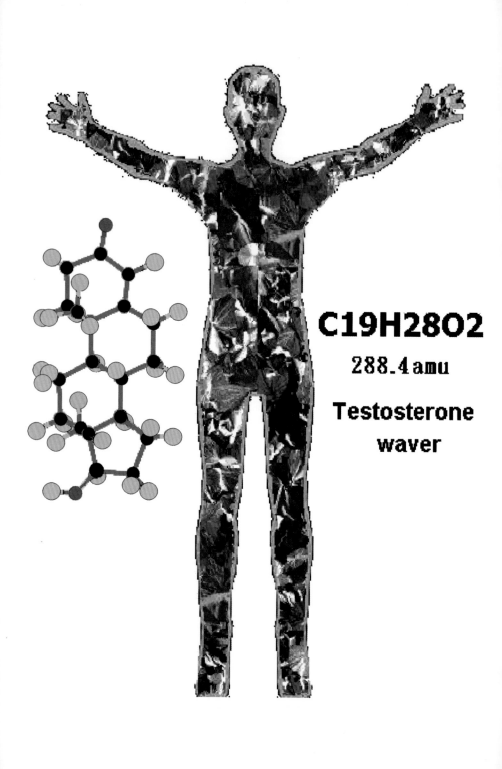

C19H28O2

288.4 amu

Testosterone

waver

3 現象 特司它司特榮結構 fram-work

特司它司特榮結構 fram-work

19 個碳 C 原子　28 個氫 H 原子　2 個氧 O 原子

C19H28O2 是凝聚態生命體內轉換波形與對應波形的晶體

TS 睪固酮又稱為雄性激素

假化學名稱為 17ß-Hydroxyandrost-4-en-3-one

4 現象 特司它司特榮作用

特司它司特榮作用

$$h = TS \ / \ W\nu$$

這是一個偽方程式 但波動造生作用狀態下的所謂生命現象就是靠這偽方程進行運作

轉波定影 TESTOSTERONE SWITCH 的作用將無聲 無色 無光 無味 無形的訊息波轉換成九器偽知覺就是「轉波定影」

理型認知 TESTOSTERONE MATCH 凝聚態生命體先天上就駐守著一個認識波形的對應理型 九器所欲就來自於「理型對應」

分形分識 TESTOSTERONE FISSION 在波動狀態裏依靠 TESTOSTERONE 凝結成形 依靠理型對應成為獨立個體即「分形分識」

獸徵畜化 TESTOSTERONE ANIMAL 所有凝聚態生命體漂亮的羽翼皮毛骨架肌理速度氣力全是特司它司特榮的「波體美化」

5 現象 特司它司特榮理型對應

特司它司特榮理型對應

凝聚態軀殼先天註定就愛黃金 愛鑽石 愛婀娜窈窕的裸體
黃金鑽石與婀娜窈窕的裸體都是凝聚態的波形

$C_{19}H_{28}O_2$ 晶體在凝聚態生命體內形成一個對應內頻
這個內部波形是永遠駐守在生命體上的理想
九器的欲望需求全是理想內頻所下的命令
它逼迫所有的軀體去爭黃金 爭鑽石 以獲得婀娜窈窕的裸體

祂用二個法寶即 $C_9H_{13}NO_3$ 痛苦激素與 $C_{11}H_{12}N_2O_3$ 爽快激素 用以
逼迫生命體尋求九器的爽快

罪惡是特司它司特榮施放 $C_9H_{13}NO_3$ 痛苦激素
愛善是特司它司特榮施放 $C_{11}H_{12}N_2O_3$ 爽快激素
愛與善是一種「理型對應」後的表演 愛善跟罪惡同出一源

6 現象 特司它司特榮嗜波惡鬼

特司它司特榮嗜波惡鬼

「理型對應」作用讓凝聚態生命體的九器愛聽
愛看 愛覺 愛嗅 愛觸 愛嚐 愛食 愛殖 愛識

九器所欲所需全是「特司它司特榮理型」所下的命令
它愛 au79 黃金與 C6 鑽石 它更愛婀娜窈窕的裸體

它施放 C9H13NO3 痛苦激素逼迫生命體用各種方式去獲得滿足
然後再用 C11H12N2O3 爽快激素使生命體無比舒坦

於是有了這麼一個有哭有笑有仇有樂的所謂生命世界
一場荒謬的夢戲

愛與善是一種「理型對應」後的表演 愛善跟罪惡同出一源

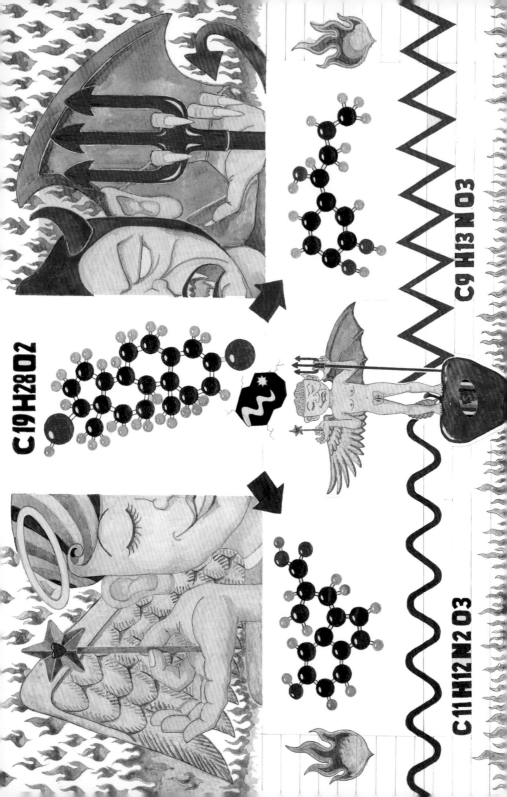

C19 H28 O2

C9 H13 N O3

C11 H12 N2 O3

7 現象 特司它司特榮的罪愛惡善

特司它司特榮的罪愛惡善

罪與愛 惡與善是「理型對應」後的表演 愛善跟罪惡同出於一個源頭
即「特司它司特榮理型對應」
「特司它司特榮理型對應」讓凝聚態軀殼既是天使又是魔鬼

特司它司特榮對於喜愛的波形會先用 C9H13NO3 痛苦激素逼迫生命體用各種方式與手段去獲取滿足 然後再用 C11H12N2O3 爽快激素讓生命體舒坦

所有的所謂生命體都是特司它司特榮惡鬼
所有凝聚態軀殼無一不是特司它司特榮畜生

愛與善是符合「理型對應」後的表演 愛善跟罪惡都是表演
愛與善其實是最可悲 最可怕的罪惡

8 現象 特司它司特榮強迫症

特司它司特榮強迫症

特司它司特榮用 C9H13NO3 痛苦激素逼迫生命體要聽得悅耳

看得艷麗 覺得溫暖 嗅得芳香 觸得柔順

嚐得甘甜 食得飽足 殖得悵歡 識得優越

再用 C11H12N2O3 爽快激素讓生命體舒服

於是所有凝聚態生命體用盡所有的氣力都要獲得九器的爽快

凝聚態生命體無一不是特司它司特榮強迫症的絕症病患

9 現象 特司它司特榮牢籠

特司它司特榮牢籠

凝聚態生命體無一不坐特司它司特榮的牢

凝聚態生命體無一不受特司它司特榮的苦

凝聚態生命體無一不行特司它司特榮的罪

凝聚態生命體無一不判特司它司特榮的刑

凝聚態生命體無一不是特司它司特榮所操控的傀儡

凝聚態生命體全都註定唯一死刑

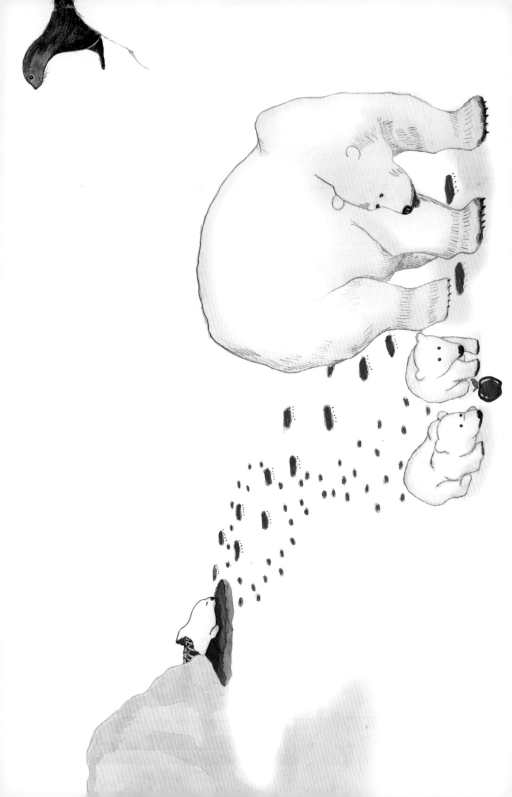

10 現象 愛其實是罪惡

愛其實是罪惡

愛與善是一種「理型對應」後的表演　愛善跟罪惡同出一源

愛樂音　愛艷麗　愛溫暖

愛芳香　愛柔順　愛甘甜

愛飽足　愛遺殖　愛優識

愛黃金　愛鑽石　愛婀娜窈窕的裸體

愛必偏私　愛必佔有　愛是罪惡　愛是可怕的罪惡

愛是引發罪惡最可悲　最可怕的禍源

「特司它司特榮」的愛是可悲可怕的罪惡　但卻是不得不註定的表

演

11 現象 罪惡是生命的全部

罪惡是生命的全部

愛黃金是罪惡　愛鑽石是罪惡　愛婀娜裸體是罪惡

愛樂音　愛艷麗　愛溫暖

愛芳香　愛柔順　愛鮮甜

愛飽足　愛遺殖　愛優越

為了滿足九個體器官需求必然引發所謂的罪惡

爭多比勝是罪惡　較強鬥美是罪惡　欺窮鄙弱是罪惡　嫌殘棄貧是罪惡

造謠、謊言、猜疑、嘲訕、憤怒、偏私、比較、驕傲、嫉妒、

厭惡、苟且、詛咒、剛愎、怨懟、嫌棄、輕蔑、算計、輕浮、

窺視、意淫、貪食、欲聽、欲暖、鬥毆、傷害、搶劫、偷竊、

姦淫、詆譭、詐騙、侵占、背叛、誣陷、謀奪、殺害、戰爭

生命無一不是罪惡

罪惡是生命的內容

為了滿足特司它司特榮必然引發罪惡

罪惡是波動造生作用下證明生命存在不得不行註定的無奈

194

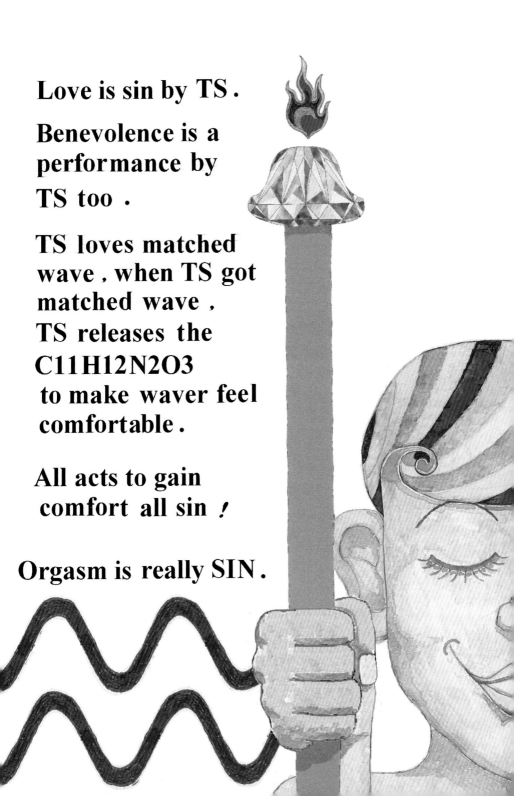

Love is sin by TS.

Benevolence is a
performance by
TS too.

TS loves matched
wave, when TS got
matched wave,
TS releases the
$C_{11}H_{12}N_2O_3$
to make waver feel
comfortable.

All acts to gain
comfort all sin!

Orgasm is really SIN.

12 現象 罪惡是特司它司特榮對應作用

罪惡是特司它司特榮對應作用

波動造生作用下的所謂生命世界是一場註定的騙局
凝聚態軀殼早已預置一個對應機制 即特司它司特榮對應作用
九個體器官對應九個特定範圍的完美波形

生命體是註定喜愛婀娜多姿的裸體 因為特司它司特榮喜愛婀娜多
姿的波形
生命體必然淫穢 生命體必然慾想姦淫婀娜多姿的裸體

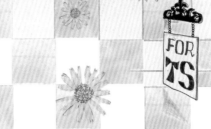

13 現象 特司它司特榮劃分階級造成歧視

特司它司特榮劃分階級造成歧視

富有的軀殼必嘲訕貧窮　必偏私漂亮　必比較優劣　必驕傲自負　必厭惡破舊

爭多比勝是罪惡　較強鬥美是罪惡　欺窮鄙弱是罪惡　嫌殘棄貧是罪惡

凝聚態軀殼必然劃分階級造成歧視

14 現象 特司它司特榮軀殼都要滿足九器

特司它司特榮軀殼都要滿足九器

黃金鑽石全在一個軀殼手上 而擁有黃金鑽石就可滿足九器

那沒有黃金鑽石的軀殼會怎麼辦

15　現象 波體美化

波體美化

看似有形有色的萬生萬物在特司它司特榮的美化作用下

有絢麗的羽翼　斑斕的皮紋　流線的肌理

有婉轉的歌聲　強健的氣力　速捷的奔馳

特司它司特榮的美化作用維持了一個美麗波形的狀態

將萬生萬物帶進一個迷識美麗波形的爭鬥中不能自醒

比可打開了藍色的盒子　大家都嚇一跳

16 現象 爭鬥永不休止

爭鬥永不休止

高要更高 快要更快 大要更大 多要更多 美要更美

爭鬥永不休止 罪惡永不休止

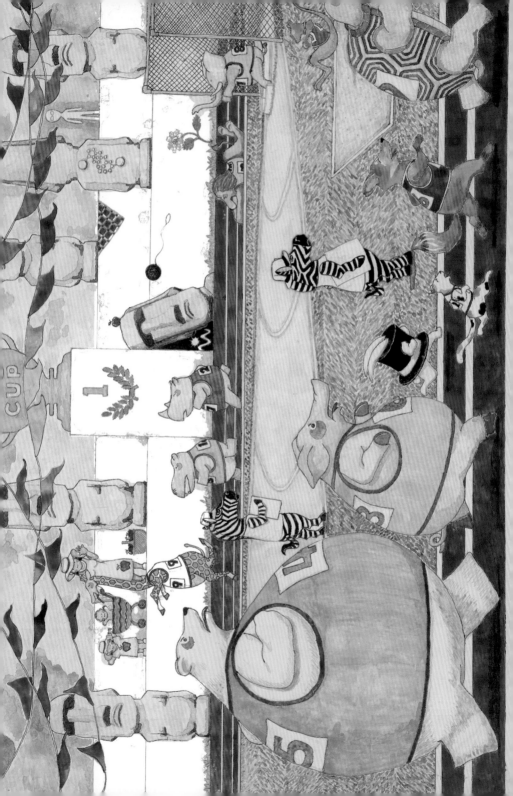

17 現象 特司它司特榮勝利

特司它司特榮勝利

特司它司特榮勝利了　特司它司特榮勝利了
特司它司特榮得到第一　特司它司特榮得到冠軍
特司它司特榮是永遠的第一　特司它司特榮是永遠的冠軍

特司它司特榮將所有的軀殼帶進不能自醒的爭鬥中
所有的軀殼競相投入爭多比勝　較強鬥美的迷識狀態裏　擺脫了無生
的窒息

特司它司特榮勝利了　特司它司特榮勝利了

TS switches signal-waves into fake-real .

TS makes waver two-face monster .

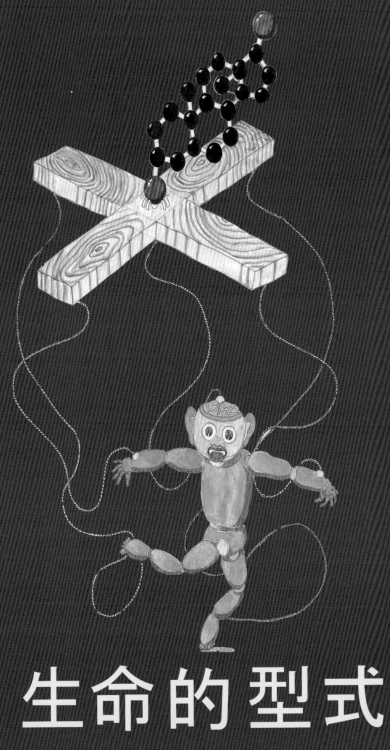

生命的型式

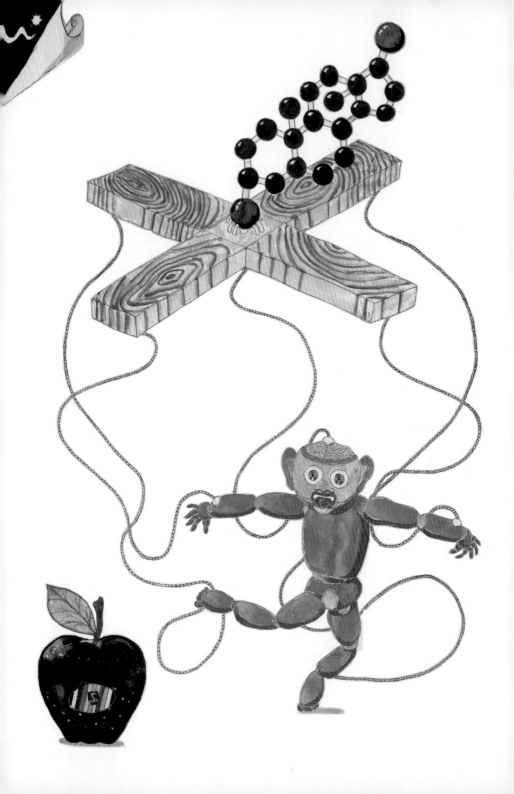

1 型式　生命的型式

生命的型式

　　所謂的生命只有一個型式　就是特司它司特榮模式
　　Testosterone is the only pattern of waver

　　所謂的生命體其實是電磁波的凝聚態 WAVE-CONDENSATIONER，
而凝聚態是波動狀態下一種波的形式，所謂的原子 ATOM 就是波動
狀態下最基本形式的凝聚態，凝聚態形式的原子是波，凝聚態的電
磁波，原子不是實體也沒有重量和質量，原子是凝聚態的電磁波，
在凝聚態波相中原子是形成所謂萬生萬物最基本的訊息波，凝聚態
的假原子 false-atom 呈現所謂的質量是因為對應的接收體自體之
內將波訊息轉換後所變造出的自體偽知覺。

　　凝聚態是波動背景場裏密集密實的電磁波，而所謂的生命體
其實就是波動狀態下不同波長頻率假原子形態所聚合成形的電磁波
體，波動作用的主要目的就是要實現所謂的生命，在電磁波的波譜
上九個感應器全形的生命體是最後一個波的形式，九器全形的生命
體以九個不同波段波相電磁波訊息的接收和感應來證明生命的存
在。

　　九器全形的生命體上有一組凝聚態的晶體，即特司它司特榮
TESTOSTERONE　C19H28O2 晶體，這個由 19 個碳原子 28 個氫原子 2
個氧原子所組合成的晶體是將電磁波訊息轉換成自體內覺的關鍵，
特司它司特榮 C19H28O2 晶體的振盪內頻將電磁波訊息轉換成所謂
的光亮、色彩、溫度、氣息、形體、口味、空間、重量；所謂的光，
所謂的熱，其實就是轉波定影機制變造後呈現在生命體自體內的偽
知覺，事實上根本沒有光，沒有色彩，也沒有溫度，生命體的外在

只有波，只有通知生命體產生對應感覺感受的電磁波。

　　特司它司特榮 C19H28O2 晶體的振盪內頻將波動的本相轉換成生命體內部感覺到的所謂光亮、色彩、溫度、氣息、形體、口味、空間、重量，生命體內的所有感應知覺全都是經過特司它司特榮的振盪內頻轉波定影機制變造後呈現在自體之內的偽知覺，而所有所謂的生命體無一不是特司它司特榮 C19H28O2 晶體所控制的軀殼，特司它司特榮晶體讓生命體九個感應器產生知覺，讓生命體產生個別獨立的意識，並且在它所形成的理型對應下讓生命體尋求九個波段波相特定電磁波波形的滿足以證明生命存在。

2 型式　波形適化

波形適化

呈現在眼睛的萬千生命全是一個波動之下的分裂分形
水是波　土是波　天空是波　海洋是波

所謂生命各按波形適化
特司它司特榮凝聚態是按照波的形式　各生其處
波生波物　波形適化

IS waver is the only pattern in Waving

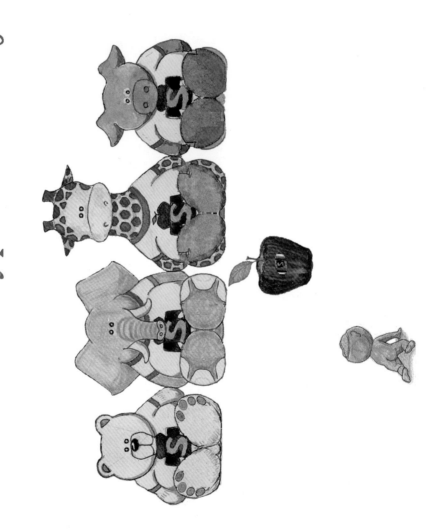

生命的真相

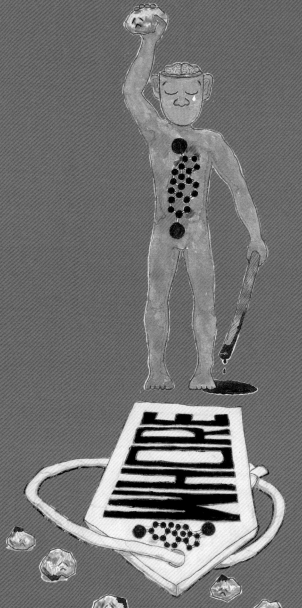

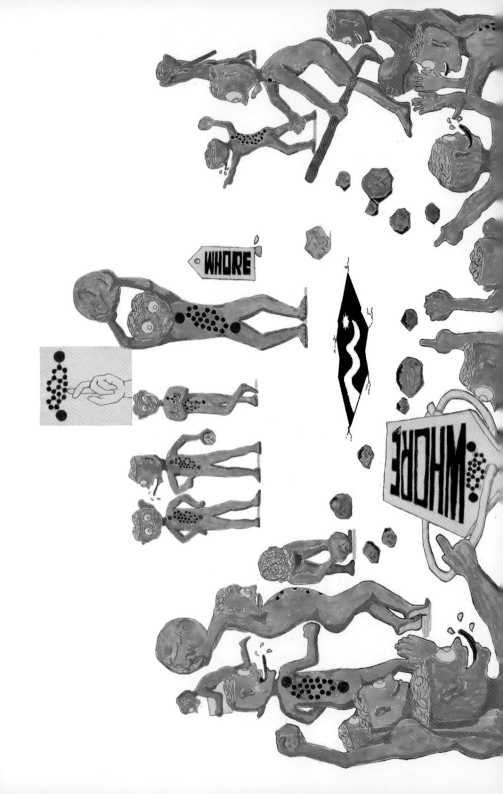

1 真相 生命的真相

生命的真相

　　凝聚態軀殼 condensation-waver 即所謂生命體的所有知覺全是經過轉換後的偽知偽覺

　　特司它司特榮 Testosterone 將訊息波 Signal-wave 轉換成所謂音聲 光亮 色彩 溫度 氣味 形體 口味 空間 重量

　　凝聚態軀殼 condensation-waver 即所謂生命體的九個體器官一定要滿足九個特定範圍的理想波形

　　特司它司特榮 Testosterone 強迫並控制生命體一定要聽得悅耳 看得艷麗 覺得溫暖 嗅得芳香 觸得柔順 嚐得鮮甜 食得飽足殖得悵歡 識得優越

　　凝聚態軀殼無一不是罪惡死刑犯

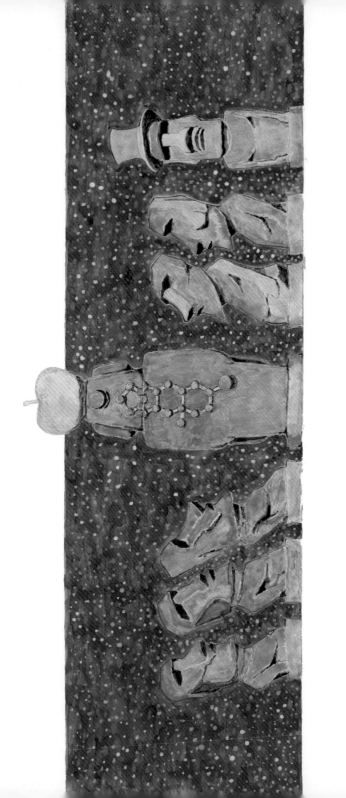

2 真相　偽知偽覺

偽知偽覺

生命是一場波動狀態所製造出的影像

Waving makes life from non but fake .

一 . 偽知偽覺 Fake-real in nine sensors

　無中生有的物理只有波動作用才能實現

　　波動作用凝聚出一個根本不可能存在的所謂生命世界，所謂的生命世界其實是一個感覺器官裏強迫仿真仿實的假現象，無論眼睛怎麼看都會是一個有光亮，有色彩，有形體的狀態，無論雙手怎麼觸碰都會是一個有各式形狀，各種觸覺的狀態，而所謂的光亮、色彩、形體，所謂的形狀觸覺全部都是不同波相，也就是不同波長

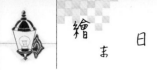

頻率波訊息的強迫轉換。

　　存在的是波動作用下無光、無色、無形、無體的波，或者說是不同波長頻率波相的電磁波，根本沒有實體，也根本沒有物質，只有不同假原子凝聚態波相的電磁波，九器全形的所謂生命體自體強迫將波訊息轉換成為所謂有光，有色，有形，有影的假知覺，事實上這是由對應和轉換作用強迫變造後呈現在生命體自體內部的偽知偽覺，所謂的生命世界是自體內部的假現象。

　　從眼睛所看見到的影像全部都是變造轉換後造假的自體內覺，這一場波壓無形、無質、無體、無量，但是經過了轉波定影機制下眼睛的觀看就成為所謂物理的基本力，而所有所謂的物理全是經過轉波定影機制變造後呈現在生命體自體內的解釋。

　　所謂的物理其實都是轉波定影機制變造後的解釋，生命體所觀看到的現象全是造假的偽知覺，而九個體器官所有的感應知覺完完全全都是轉波定影作用所變造後自體之內的假現象，根本沒有光，根本沒有色彩，也根本沒有所謂的溫度，生命體所感覺到的所謂「熱」，其實是波訊息通知假原子凝聚態的生命體自體所做出不可逆的必然反應，熱或冷的所謂溫度是波訊息通知假原子凝聚態做出波長頻率的改變，也就是波態波相的變化，但從凝聚態生命體自體的感覺上便產生所謂熱和冷的所謂溫度，「熱」其實是假原子凝聚態波體對於波訊息的接收對應與轉換後所做出的自體解釋和自體反應。

　　根本沒有所謂的能量，沒有光，沒有色彩，沒有溫度，也沒有氣息，沒有味道，沒有形體，沒有空間，沒有重量，只有波，只有不同波長頻率的訊息波，是相對應的所謂生命體將不同波相的訊

息波在自體內轉換成所謂的感應知覺，轉換成自體內部仿真仿實的偽知覺。

　　假原子凝聚態的生命體就是依靠九個感應器轉波定影機制下變造後的偽知覺進行實現和證明生命是存在的企圖，眼睛所看見到的所謂生命世界是呈現在自體之內仿真仿實的擬生影像，雙手所觸碰到的形狀形體也是凝聚態的電磁波，不同的波長頻率造成九個感應器所謂不同的感覺和認知，生命真實的本相是波，不同波相的電磁波，生命體是一場由波動作用所實現的軀殼，生命的真相就是電磁波軀殼感應電磁波和轉換電磁波。

IN THE WAVING
THE TRUE FACT IS BELOW
I HEAR MY OWN SELF
I SEE MY OWN SELF
I FEEL MY OWN SELF
I SMELL MY OWN SELF
I TOUCH MY OWN SELF
I EAT MY OWN SELF
I FULFIL MY OWN SELF
I FUCK MY OWN SELF
I MEDITATE MY OWN SELF
I PLOT ON MY OWN SELF
I DESPISE MY OWN SELF
I JEER AT MY OWN SELF
I KILL MY OWN SELF

IN THE WAVING .

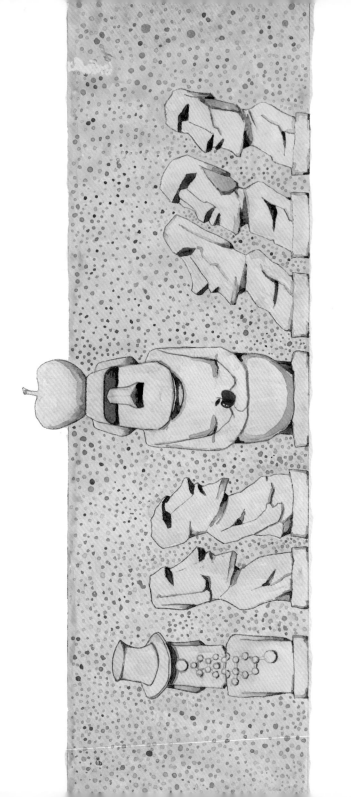

3 真相　理型罪惡

理型罪惡

二. 理型罪惡 The sin is for matching-effect

　　　　所謂的生命是一場不擇手段都要證明存在的夢境

　　罪惡是生命的全部，凝聚態的生命體無一不是特司它司特榮內頻理型所驅使的傀儡！

　　罪惡是證明生命存在不得不的無奈，九器全形的生命體是接收九個波相再轉換九個波相的感應機器，而九個感應器都由一個內頻信號源進行對應的工作，即特司它司特榮 C19H28O2 晶體 $288.4×10^{-15}$amuHZ 的振盪內頻。

　　生命體的內部早已安置了一個完美的理想形象，$288.4×10^{-15}$amuHZ 內頻就是生命體內不可妥協的完美理型，特司它

司特榮內頻所形成的理型逼迫著生命體的九個感應器一定尋求特定範圍電磁波波形的滿足,所謂的天籟音聲,嬌媚艷麗,和煦溫暖,芬芳馨香,服順舒適,鮮嫩甘甜,營養飽足,遺殖悵悅,自識優美的感應就是符合特司它司特榮內頻理型對應作用下所需要的特定完美電磁波波形。

　　愛黃金,愛鑽石,愛柔美嬌艷的裸體就是特司它司特榮內頻理型的對應作用下所導致的必然結果,特司它司特榮內頻理型的對應作用逼迫著生命體一定要聽天籟樂音,一定要看嬌媚艷麗,一定要覺舒適溫暖,一定要嗅馨香芬芳,一定要吃鮮嫩甘甜,特司它司特榮內頻理型也逼迫生命體一定要喜愛黃金鑽石和嬌媚婀娜的裸體,因為這一些符合特司它司特榮內頻理型對的波形是生命存在的證明。

　　特司它司特榮內頻理型讓生命體成為美麗波形式的嗜求機器，尤其是作用在雌雄分體生殖形式的軀殼上，分形分識的雌雄生殖迷體為了要求得美麗波形的滿足，也為了要證明自身的優美，於是如同孔雀一身眩目的羽翼，如同虎豹一身斑斕的皮紋，將所掠奪的黃金與鑽石當做漂亮羽翼和皮紋的象徵，掠取最多黃金鑽石者則可讓無數的雌性生殖迷體臣服而甘心雌伏受殖。

　　最美麗的就是最醜惡的！

　　罪惡是生命的全部，所謂的愛，所謂的善也是特司它司特榮理型對應作用下所做出的表演，如同愛黃金，愛鑽石，特司它司特榮理型是生命體所謂情感的源頭，是指導生命體選擇表演方式的導演。

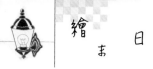

在特司它司特榮理型對應作用下的所謂生命體全是美麗波形式的強迫症病患，而特司它司特榮理型對應作用下的病症就是輕弱鄙窮，嫌貧棄苦，就是甘心臣服在富貴權勢之下唯唯諾諾，如畜仰食，如犬搖尾，就是彼此較強鬥美，爭多比勢，彼此用造謠、謊言、猜疑、嘲訕、偏私、比較、厭惡、苟且、詛咒、剛愎、怨懟、嫌棄、輕蔑、算計、輕浮，彼此意淫、鬥毆、傷害、搶劫、偷竊、姦淫、詆譭、詐騙、侵占、誣陷、謀奪、殺害、戰爭來做為生命的內容並且做為生命是存在的證明。

生命無一不罪，生命無一不惡，想聽得樂聲，想看得艷麗，想覺得溫暖，想嗅得芳香，想觸得服順，想吃得鮮甜就是特司它司特榮理型的對應作用所驅使，而所謂的積極努力，所謂的勇敢奮進也全是為了滿足特司它司特榮理型的對應，就連喝水與呼吸也是特司它司特榮理型對應作用的逼迫，生命無一不是特司它司特榮理型對應作用下受操控的電磁波軀殼。

　　生命其實是一場空無之中的波動，所謂的罪惡是為了實現生命不得不行的無奈，生命體只是一具又一具受驅使受操縱的傀儡，為了要在空無之中實現生命，為了要證明生命存在，罪惡也只能是不得不的無奈，這是一場為了要實現所謂生命的夢境，所有的狀態都是為了要證明和實現生命，追求美麗的形式其實是自我造生自我麻痺的標的，這一個波動造生作用下的夢境其實就是自己殺害自己，自己姦淫自己，自己謀奪自己，自己吞食自己，波動造生作用所實現的所謂生命是一場孤獨振盪中自我求生的悲憐。

　　波動是所謂生命世界的背景，而所謂的生命體其實是波動作用下分裂的凝聚態軀殼，從轉波定影機制變造後的眼睛觀看到的影像彷彿有無止無數的形體，但是從波的本相上省察則根本是一場自己與自己對話，自己與自己交談的荒誕。

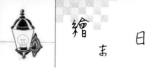

　　這個由眼睛與八個感應器所看到和感覺到的所謂生命世界是一個孤獨振盪之下所實現的狀態，波動造生作用下所實現的生命狀態是一個全然造假，自我詐欺的騙局，看到的，吃到的，碰到的，全是無形無影的波，連沒有也沒有的波，生命是一場自我慰藉，自我欺騙。

　　事實上這一個所謂的生命世界是一場不得不實現的自我悲憐，就因為是自我悲憐所以實現了這一個仿真仿實的所謂生命世界，愛善與罪惡是實現所謂生命不得不行的內容，有愛就必然有罪，愛與罪實現生命，愛與罪證明生命。

　　生命的真相就是一場自我悲憐，在這一場自我悲憐的夢境中，包含了痛苦罪惡，包含了骯髒醜陋，除了悲憐，再也不能實現所謂的生命！

4　真相　你怎麼可以砸殺別人

你怎麼可以砸殺別人

你以為你像黃金一樣尊貴嗎

你怎麼可以嘲笑別人　你自己就是畜生　你怎麼可以嘲笑別人
你怎麼可以詆毀別人　你自己就是盜賊　你怎麼可以詆毀別人
你怎麼可以旁觀別人　你自己就是鬼丑　你怎麼可以旁觀別人
你怎麼可以吐唾別人　你自己就是罪犯　你怎麼可以吐唾別人
你怎麼可以砸殺別人　你自己就是妓女　你怎麼可以砸殺別人

每一個特司它司特榮畜生　盜賊　鬼丑　罪犯　妓女不要張開你的嘴巴
去嘲笑　詆毀　旁觀　吐唾別人
特司它司特榮所操控的凝聚態生命體都沒有立場資格可以砸殺別人

行嘲笑　詆毀　旁觀　吐唾　砸殺者必為特司它司特榮畜生
行嘲笑　詆毀　旁觀　吐唾　砸殺者必為特司它司特榮死刑犯

特司它司特榮軀殼絕不可對其他軀殼行嘲笑　詆毀　旁觀　吐唾　砸殺

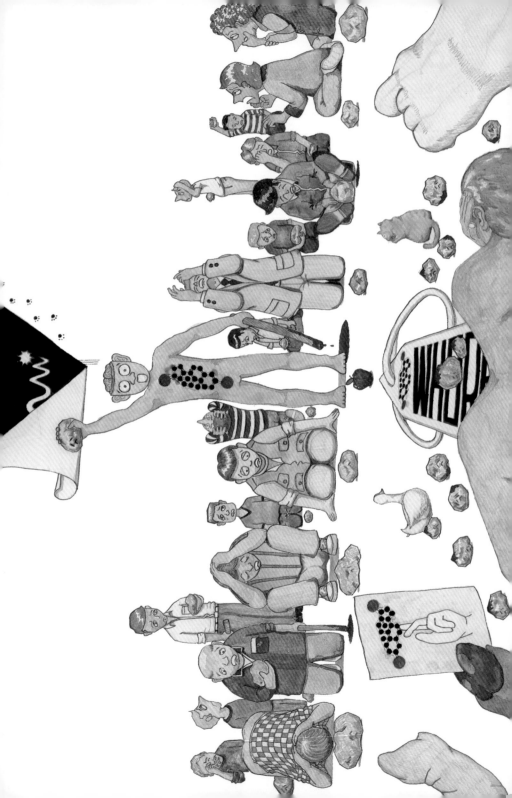

5 真相 你要將手中的石向自己的頭砸下

你要將手中的石向自己的頭砸下

你覺得自己像黃金一樣尊貴嗎
你不可以嘲笑別人 你自己就是畜生 你怎麼可以嘲笑別人
你不可以詆毀別人 你自己就是盜賊 你怎麼可以詆毀別人
你不可以旁觀別人 你自己就是鬼丑 你怎麼可以旁觀別人
你不可以吐唾別人 你自己就是罪犯 你怎麼可以吐唾別人
你不可以砸殺別人 你自己就是妓女 你怎麼可以砸殺別人

每一個特司它司特榮畜生 盜賊 鬼丑 罪犯 妓女不要張開你的嘴巴
去嘲笑 詆毀 旁觀 吐唾別人

特司它司特榮軀殼應將手中的石向自己的頭砸下

Waver
Don't spit another
Don't hurt another
you are capital yourself

末日

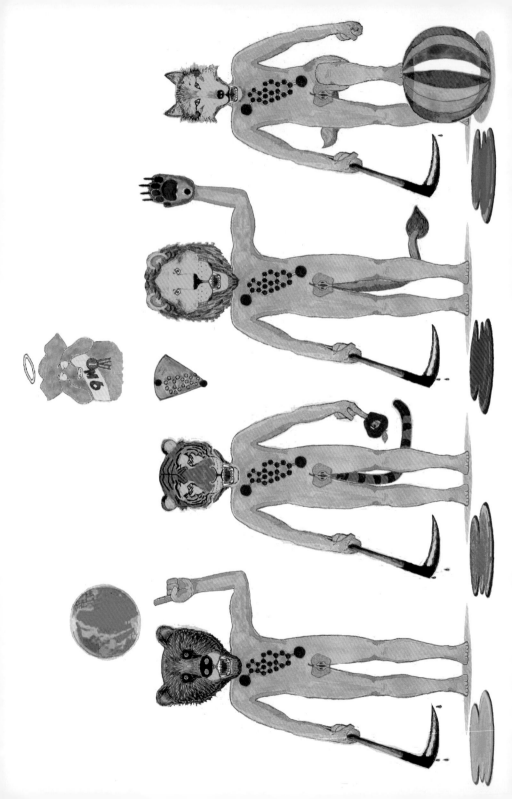

1 末日　波形失衡

波形失衡

　　波形失衡是末日下的一個現在進行式　全都變成所謂的「人」
是不可原諒的罪惡

2 末日

末日

連沒有也沒有才是波動的本相
Waving vanished in non.

末日是波動量的消失，病毒、疾病、地震、冰融大水都
不是末日，真正的末日是整個波動量的消失，太陽沒有
了，月亮沒有了，地球沒有了，整個世界，整個宇宙，
所有眼睛看似存在的統統都沒有了，然後回復到連沒有
也沒有的無空狀態才是真實的結束！

物質是電磁波不是實體，生命體對於所謂物質所產生的感覺
是因為轉波定影作用變造不同波長頻率的電磁波訊息後呈現在生命
體內部的擬生偽知覺 Real life Imitation，眼睛所看見到的所謂

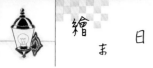

　　生命世界是經過轉波定影作用變造之後呈現在自體內偽造的影像，而其它八個感應器官的感覺也全是轉波定影作用變造後呈現在自體內的偽知覺。

　　存在的是波，存在的是假原子凝聚態不同波長頻率的電磁波，根本沒有實體，根本沒有所謂的物質，生命體九個感應器所接收到的全是電磁波，不同波相的電磁波經過了生命體轉波定影作用的變造後就成為了所謂不同樣貌，不同形態的所謂物質；所謂的生命世界其實只是生命體內部偽造的假象，耳朵所聽，眼睛所看，膚體所覺，鼻子所嗅，雙手所觸，嘴舌所嚐，腹肚所飽，陰下所殖，腦部所識者全是偽造後的假象。

　　去除生命體眼睛轉波定影變造機制所偽裝的假象，其實所謂生命世界的真實本相是不同波長頻率波動的電磁波，或者說是不同

波相的訊息波，波動狀態才是所謂生命的真實本相，這一場波動本相，根本無聲、無色、無影、無溫、無氣、無形、無味、無空間、無重量，但是經過了同樣為假原子凝聚態所組合成的軀殼，也就是所謂的生命體以對應和轉換作用將波訊息變造成為自體之內仿真仿實的擬生偽知覺。

　　九個感應器所呈現的偽知覺就是企圖製造生命是存在的術法，所謂的生命其實只是凝聚態軀殼裏造假的影像，所有的知覺全是變造的偽知覺，事實上根本沒有光亮，沒有色彩，沒有冷熱，也沒有形體，連沒有也沒有；太陽是波，月亮是波，地球是波，銀河宇宙是波，連生命體也是波，在沒有空間，沒有時間的絕境中以波動實現對於生命的極端渴望生命是一場不得不實現的波動。

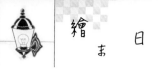

原子不是粒子，是波動狀態下凝聚態的電磁波，而其所謂具有量子化特徵和所謂的波粒二象性是生命體轉波定影作用所變造後的偽覺偽象，偽象公式表述為：$\lambda = h/p = h/mv$，式中 λ 波長，p 動量，h 普朗克常數；生命體所有的知覺都是波訊息轉換後的偽知覺，以真實波動本相則公式表達為 $\lambda = W/p = W/Wv$，而所謂時間與能量乘積 h 為轉波定影作用後自體內之偽知覺，以波動本相則為 $h = W/Wv$ 即轉波定影作用後之偽造狀態，轉換公式為

$$6.626 \times 10^{-34} J-s = 288.4 amu/WAVE \nu$$

所有動量皆為波動量，波動量為波動狀態下不同波長頻率之波訊息，所謂的能量是波訊息 $E = Wv$，沒有光，沒有熱，假原子接收波訊息後改變波相，所謂的光與熱是生命體自體之偽知覺，假原子凝聚態最後的動量形式是波 $m = Wv$。

　　生命是一場波動狀態裏的現象，所有的凝聚態皆為波動量壓力下所形成的波形體，假原子凝聚態生命體以對應和轉換作用將不同波相的波訊息變造成自體內部所謂的熱感效應，熱這一個現象是自體內部的偽知覺，生命體外存在的全是波，根本沒有光、色彩、溫度、形體。

　　波動造生場域是一個包含了從 1Hz 的頻率波到接近凝聚態範圍波長為 0.1Å 以下的所謂宇宙射線 γ 伽瑪 gamma-ray 頻率範圍約為 10^{20}Hz 以上之波動量場，這一個波動量場就是製造凝聚態生命現象的背景場，波動量場是一個無量的波動，它是 0Hz 到超越 10^{24}Hz 的波動量，而九個感應器全形的所謂生命體就是這一個無量波動之下最終的凝聚態波體

　　Nine sensors waver is the end of the waving in spectrum。

　　波動背景場是一個波動量波壓極度振盪的狀態，波動的目的
就是要企圖實現所謂的生命，而所謂的生命全是這一場波動作用之
下分形分影的波形體，其實所謂生命世界的背景根本是一場無依無
靠的波動，在非空間非時間的絕境裏以波動凝聚出一個仿真仿實的
擬生狀態，波動就是實現所謂生命的夢，波動造生作用下的凝聚態
軀殼有所謂的死亡，那麼這一場實現生命狀態的波動又是否永恆不
止？

　　如同不能接受所謂的死亡一般，這一個實現所謂生命現象的
波動是一個會消失的夢，所謂的銀河宇宙，所謂的太陽地球全都是
會消失無影的波，凝聚態軀殼也就是所謂的生命體的所謂生生死死
是這一場波動狀態裏自己欺騙自己的影像，真正的死亡不是電磁波
軀殼的消解，而是這一場實現所謂生命現象的波動的結束，生命真
正地就是一場所謂的夢境，從生命體自體所偽造的感受到整個彷彿

浩瀚無垠的宇宙全是一場真真實實的夢。

　　既然有開始就有結束，如同波的形態一樣，從高到低，從無至有，波動造生作用是一場會消失的現象，也就是說所謂的宇宙倏忽地就無影無蹤，就如同凝聚態軀殼的所謂死亡，這一個所謂的生命世界並不是一個真實的物體，而是由波所凝聚成的現象，所謂的太陽，所謂的地球全都不是實體，而是波。

3　末日　波形失衡 魚缸也空了

波形失衡　魚缸也空了

魚缸也空了
昆蟲沒有了　飛鳥沒有了　獅子老虎沒有了　大海和魚缸也空了
凝聚態假 5.976e27g 地球質量的碳基蛋白質體生物　全都變成人
人吃光動物　人變多了　動物沒有了　只剩下好多　好多　好多的人
這種波形單一化是真正可怕的災難

全都變成了所謂的「人」
全都變成「人」是末日的進行式

凝聚態假原子 5.976e27g 地球質量從未增減　只有凝聚態碳基蛋白
質波形體的改變
假原子凝聚態碳基蛋白質波形體全都變成了所謂的「人」

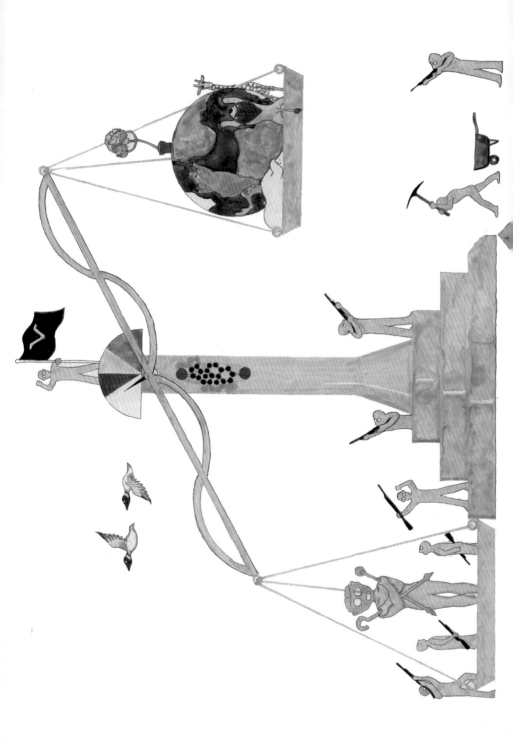

4 末日 只剩下好多 好多 好多的人

只剩下好多 好多 好多的人

波動造生作用狀態下的所謂地球只剩下好多 好多 好多尊貴的人
人只在乎有沒有黃金鑽石 完全不在乎什麼是末日
凝聚態假原子 5.976e27g 地球質量的碳基蛋白質體生物 全都變成
了人

即將發生的末日是波形的單一化
全都變成人 才是可怕的災難 可怖的災難 只剩下人是末日的進行
式

要證明生命存在不需要八十億人 更不能是一百億人
人愈多 末日的時程就愈近

所謂的四十六億年 5.976e27g 地球質量從未增減

人多了　動物就少了

如果所謂的「人」現在全部死去　那麼一個月後會出現一個現象　動
物回來了

樹木花草回來了　天空有飛鳥　大海有魚躍　土地有花草

地球活了　污染停止了　各種紛爭沒有了　骯髒的　齷齪的全都停止了

地就就活了

要證明生命存在根本不需要八十億人　更不能是一百億人

一整個所謂的地球只需要一萬個「人」

只需要一萬個「人」就能自我歌頌並證明「生命存在」

生命最大的的悲憐就是「人」必須要立即減少

「人」才是末日的引信

5 末日 動物要復仇了

動物要復仇了

人的陰下要生了 死去動物要當人了 動物要變成人來復仇了
虎 狼 獅 熊要來做人了

即將發生的末日是波形的單一化
全都變成人 才是可怕的災難 可怖的災難

萊恩看見這個投胎宿主的華貴模樣就輕聲地與比可商量
「小豬 這次讓我先投胎 等我做了人 我會罩你」

6 末日

獅子要來做人了

哇 獅子要來做人了 它用人的哭聲代替它的獅吼
獅子要來做人了
熊要來了 狼要來了 老虎也要來了 都要來做人了

即將發生的末日是波形的單一化
全都變成人 才是可怕的災難 可怖的災難

7　末日　死去的眾生統統要投胎

死去的眾生統統要投胎

獅子要來做人了

熊要來做人了

狼要來做人了

老虎也要來做人了

死去的眾生統統要投胎來做人了

他們要用人的哭聲代替他們之前死去的怒吼

即將發生的末日是波形的單一化

全都變成人　才是可怕的災難　可怖的災難　所有的痛苦和災難全因

人而起

把動物吃光了　只剩下了人　然後人要吃的是什麼

The greatest mercy is that the so-called-
human being must be reduced 99% at least
for saving the world .

The human being all die
The whole world all live .

1 乞主生　自知則悲

自知則悲

Be mercy will release from suffering .

　　波動的主要目的就是乞求生機，沒有其它空間，沒有其它次元，所謂的生命就是一場波動作用之下的波形波影，生命是一個孤獨振盪之下一切註定的現象，波動是製造生機的唯一術法，波動造生作用下的所有現象全般註寫，全然註定！

　　一．自知則悲 Be mercy is to know what life from .
生命是一場不得不自我詐欺的夢境

　　生命是什麼？為什麼要有生命？
　　根本沒有彩虹，呈現在眼睛裏的所謂彩虹是將波訊息轉換後造假的自體內偽知覺，所謂的生命是一連串造假的自我詐欺！

　　困在波動現象之下的波形波影就是所謂的生命，波動是製造生命唯一的術法，生命是波動狀態裏註定的現象，所謂的銀河宇宙，所謂的月亮太陽，所謂的藍天黃土全都是為了乞求生機而精巧刻意布置的自我詐欺。

　　運作的是一場沒有質量的波動，存在的是不同波相的波形波影，沒有實體，沒有物質，只有不同波長頻率的波，所謂的生命體就是波動狀態下電磁波波譜上最後一個凝聚態的電磁波波形，「特司它司特榮凝聚態Testosterone waver」是所謂生命體的真正樣貌。

　　「特司它司特榮凝聚態Testosterone waver」是波動背景場裏分形分影分識的電磁波波形體，從波動的本相看所謂的生命世界，根本是一場波體與波體對話，波體與波體彼此相互砍殺，波體

與波體彼此相互姦淫，波體與波體彼此相互吞食，而波動背景場裏真實的本相是一無聲、無光、無色、無溫、無氣、無形、無味、無重量、無空間的波動狀態。

抽離九個感覺器官轉波定影機制造假後的偽知覺觀省波動的本相，所謂的生命世界根本是一場「自己殺自己」，「自己姦自己」，「自己噬自己」，「自己害自己」的荒誕現象，所謂的生命其實是一個孤獨振盪下的波動，看似無止無盡的萬生萬物是這個孤獨波動裏自我分裂的形影。

存在的是一場波動，所有的生命是這一場波動本相裏的現象，這是一個波訊息運動的狀態，生命是互為彼此的訊息波，一個極端強烈的求生意識形成這一個稱為生命世界的波動。

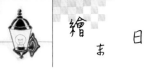

　　所有的物體都是凝結的電磁波，生命體所操作所運用的是凝
聚態的電磁波，鐵是波，水是波，氧是波，黃金是波，石油也是波，
生命體將不同波相的凝聚態電磁波製作成所謂的船艦航行在所謂的
水上，生命體也將不同凝聚態波相的電磁波製作成所謂太空梭飛航
在所謂的太空中，而其實是波體接收波訊息後在波動背景場裏運
動，根本沒有沒有能量，所謂的水，所謂的太空全是波，看似無垠
浩瀚的星體銀河是波，彷彿浪濤洶湧的大海是波。

　　眼睛所看見到的影像是為了求取生機而轉換的偽知覺，耳膚鼻
手嘴腹陰腦的所有感應也都是為了製造生機而不得不轉換呈現在自
體內的偽知覺，車子行進在波的狀態裏，太空梭飛行在波動的背景
場裏朝向造假的所謂火星水星金星木星波體訊息；為了求取生機，
一個極端渴求生命的意識不斷地用各式各樣的波狀態瞞騙自己，以
企圖製造出「生命是存在」的強烈冀望。

　　也就是說所謂的生命其實是一個孤獨無依的波現象，這一個企圖造生的波動就是夢境，就是騙局，又或者說就是一個意識狀態，並且是一個求生意識分裂的狀態，眾多彷彿不可盡數的所謂生命其實就是一個求生意識的分形分影，而分形分影彼此所對話的是另一個波分裂的自己，從波的本相觀省就是自己和自己交談，自言自語，而所砍殺的，所姦淫的，所吞噬的就是另一個自己！

　　自知則悲，所謂的生命是一場波動作用中的現象，這不是一個實體的世界，而是波動 - 凝聚 - 接收 - 轉換 - 偽知覺的騙局，生命是一場在空無中沒有任何依靠的波現象，這個波現象是仿真仿實的夢境，沒有任何一個所謂的生命體能擺脫這一個波動；不要以為詭計得逞，不要暗暗竊喜惡行未昭，其實每一個生命體都只是同一個靈魂所操縱的傀儡，那另一個在詭計下受害的其實是分形的自己，那另一個在惡行下受難的其實是分影的自己，病死苦痛和所有的災難同樣的會在所有的形體上遭遇，那握在雙手的黃金與鑽石只是為了求取生機用以自我麻痺所製造的美麗標的。

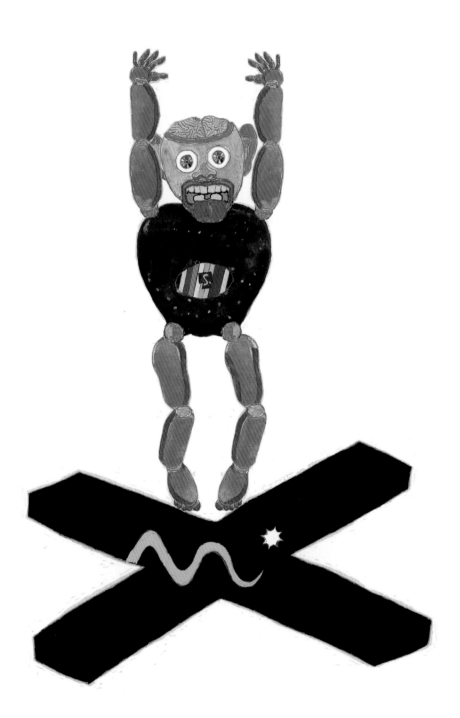

2　乞主生　自知則憐

自知則憐

二.自知則憐 Be mercy is to know what sin from .

　　罪惡是波動造生下證明生命的無奈

　　罪惡是什麼？為什麼會有罪惡？

　　波動造生作用下的所有「特司它司特榮凝聚態 Testosterone waver」無一不是行罪使惡的畜生，罪惡在每一個分形分識的凝聚態軀殼裏無時不隱隱做祟，無處不暗暗蠢動。

　　耳朵慾聽就是罪惡，眼睛慾看就是罪惡，膚體慾暖就是罪惡，鼻子慾嗅就是罪惡，雙手慾觸就是罪惡，嘴舌慾嚐就是罪惡，腹肚慾飽就是罪惡，陰下慾殖就是罪惡，腦部慾識就是罪惡，不只想要

黃金鑽石與婀娜裸體是罪惡，就連喝水與呼吸也是罪惡，因為九個感應器的慾想全都用到了「特司它司特榮 Testosterone」內頻，又或者說是「特司它司特榮 Testosterone」內頻無時無刻不逼迫著九個感應器去尋求九個特定波相的滿足。

九個體器官是九個波段波相的感應器，九器全形的凝聚態軀殼就是以九個特定波相的接收做為「生命存在」的依據，所謂的天籟樂音，嬌媚艷麗，和煦溫暖，馨香芬芳，柔順舒適，鮮嫩甘甜的波形就是證明「生命存在」的特定波相，所謂的生命體一生一世就是為了追求九個體器官的滿足，不能獲得九個特定波形的滿足，生命體必然以各種形式的手段去獲得需求。

其實所謂的黃金與鑽石是凝聚態的電磁波，因為經過了「轉波定影」機制的變造所以有了具象的色彩與具體的樣貌，而黃金與鑽

石的波形完全符合「特司它司特榮內頻理型」的對應，所以生命體是所謂天生註定喜愛黃金和鑽石，由於雌雄分體生殖形式的爭鬥，黃金鑽石便成為生殖迷體所競相爭逐的標的物，獲得最多黃金鑽石的生殖迷體便成為了最漂亮最美麗的象徵，最美麗最漂亮的外表其實就是最醜惡最齷齪的內裏。

　　為什麼會有罪惡？因為波動作用下所實現的生命狀態是一場無論如何都要用各種現象來證明存在的夢境，罪惡與善愛都是證明生命存在的內容，這一個所謂的生命世界裏的所有生命體無一不是行罪使惡的畜生，不要嘲笑，不要輕蔑，因為受嘲笑受輕蔑的生命其實是另一個脆弱無助的自己！

　　罪惡是證明生命不得不行的無奈與苦工，看似無以盡數的所謂生命體其實是一個極度渴求生機意識下的分形分影，在這一場波動

造生現象裏所進行的事實是「自己砍殺自己」,「自己謀害自己」,「自己姦淫自己」,「自己吞噬自己」的無奈,波動造生作用是唯一能夠實現生機的術法,但也是自淫自戮,自瀆自悅的荒誕。

黃金是凝聚態的電磁波,鑽石也是凝聚態的電磁波,而同樣為凝聚態的所謂生命體是受迫於「特司它司特榮 Testosterone」內頻理型對應作用的驅使所以註定喜愛黃金與鑽石,九個體器官所產生的慾望全是為了要符合「特司它司特榮 Testosterone」內頻理型的對應作用,因為九個體器官需求的滿足是「生命存在」的證明,為了要證明生命存在就必須要滿足九個體器官的特定需求,而所有分形分識的凝聚態生命體一定會用各種手段去獲得符合「特司它司特榮 Testosterone」內頻理型對應作用下所要的波相波形。

沒有一個凝聚態生命體不是受「特司它司特榮 Testosterone」

內頻理型所逼迫操控的傀儡，「特司它司特榮 Testosterone」內頻理型逼迫生命體要穿著一身漂漂亮亮的服裝，並且逼迫生命體要綴戴上黃金與鑽石的飾物以眩耀如同孔雀羽翼，如同虎豹斑紋般的所謂美麗，然後「特司它司特榮 Testosterone」內頻理型還驅使生命體去嘲笑去輕蔑，甚至去欺辱去傷害貧窮困頓殘疾孱弱的另一個凝聚態生命體。

自知則憐，所謂的生命其實是一場要證明存在的波動，而證明的方式就是要獲得九個感應器需求的滿足，因為這個由波動作用所製造出的所謂生命世界並不是一個真實存在的實體世界，所以要藉著九個感應器的滿足用來做為「生命是存在」的依據，生命體所有的感覺全都是「轉波定影」機制所變造後呈現在自體內的偽知覺，九個體器官所接收到的全是不同波段波相的電磁波。

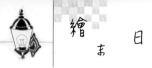

而生命體所有的行為完全受到「特司它司特榮 Testosteron」內頻理型的監視與逼迫，為了要獲得九個特定範圍的波相波形所謂的生命體一定會行罪使惡，沒有一個凝聚態的生命體不是追求美麗波形式的「特司它司特榮畜生 Testosteron animal」；所謂的愛和善是符合理型對應作用所採取的表演，而所謂的罪和惡是為了要獲得符合理型對應所採取的暴動。

理型對應作用讓有愛者必有罪，理型對應作用讓施善者必行惡，罪是偏執，則愛也是偏執，惡是偏執，則善也是偏執，罪與愛是對應作用所採取的表演，透過愛與罪的表演可以製造「生命是存在」的企圖，愛黃金是罪，愛鑽石是罪，愛樂音是罪，愛艷麗是罪，愛溫暖是罪，愛馨香是罪，愛舒適是罪，愛鮮甜是罪，愛飽足是罪，愛遺殖是罪，愛識知是罪，生命體對於九個波段波相美麗波形式的慾求無一不是罪。

　　戰爭，偷竊，姦淫不會停止，因為罪惡是實現生命的內容，詭計，謀害，侵奪，不會停止，因為罪惡是實現生命的內容，嘲諷，輕蔑，偏私，不會停止，因為罪惡是實現生命無奈而不得不然的內容，耳慾聽者必為罪犯，眼慾觀者必為罪犯，膚慾溫者必為罪犯，鼻慾嗅者必為罪犯，手慾觸者必為罪犯，口慾食者必為罪犯，腹慾飽者必為罪犯，陰慾殖者必為罪犯，腦慾識者必為罪犯，九器有所慾感者必行戰爭，偷竊，姦淫，九器有所慾感者必行詭計，謀害，侵奪，九器有所慾感者必行嘲諷，輕蔑，偏私，九器有所慾感者必行憤怒、剛愎、嫉妒、猜疑、躁煩、比較、好奇、厭惡、苟且、詛咒、怨懟、嫌棄、算計、輕浮、詆譭、誣陷，九器所慾求全為重罪，生命無一不為死罪。

3 乞主生　幸福是什麼

幸福是什麼

幸福就是波動造生作用之下的凝聚態軀殼的耳聽愉悅的波
眼看艷麗的波　膚覺溫暖的波　鼻嗅芳香的波　手觸柔順的波
嘴嚐鮮甜的波　腹飽營養的波　陰殖悵歡的波　腦識優越的波
然後獲得特司它司特榮用 C11H12N2O3 激素給予的舒爽獎勵

而追尋滿足九器快樂過程中所發生的
造謠、謊言、猜疑、嘲訕、憤怒、偏私、比較、驕傲、嫉妒、
厭惡、苟且、詛咒、剛愎、怨懟、嫌棄、輕蔑、算計、輕浮、
窺視、意淫、貪食、欲聽、欲暖、鬥毆、傷害、搶劫、偷竊、
姦淫、詆譭、詐騙、侵占、背叛、誣陷、謀奪、殺害、戰爭
等等的罪惡內容就用來證明「生命存在」

用罪惡的內容來證明「生命存在」就是所謂的幸福

4 乞主生 我思我何在

我思我何在

我聽 我看 我覺 我嗅 我觸 我嚐 我食 我殖 我識
我卻不在 我思我卻不在

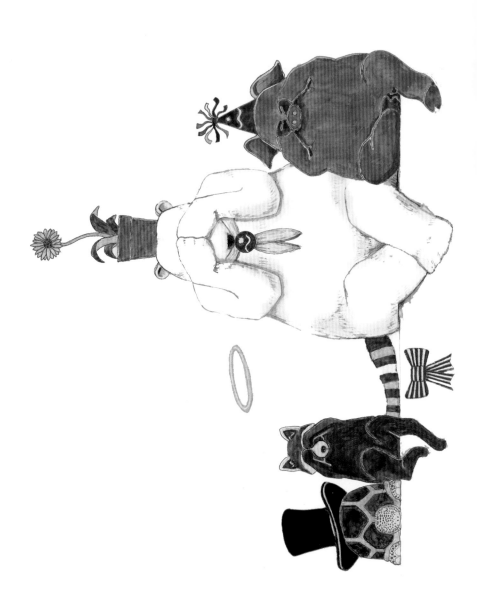

5 乞主生　悲憐 Be mercy

悲憐 Be mercy

　　　　波動作用下所實現的生命就是一場自我悲憐

　　無生最苦！無生最悲！

　　這一個由眼睛與耳膚鼻手嘴腹陰腦八個體器官所感覺到的所謂生命世界是一個造假的偽象，所謂生命世界真正的本相是無聲無光無色無影無溫無氣無形無味無重量無空間的「波動 WAVING」，不同波長頻率的波動才是真實的本相，所謂的生命世界是經過「轉波定影」作用所呈現出的假現象，存在的是波，不同疏密程度的波動狀態才是真正的本相。

　　所謂的生命是一個乞求生機的「波動」中的波形，在「波動」狀態裏所謂的生命體是波形最為密集的凝聚態，凝聚態的生命體中

以九器全形，即耳眼膚鼻手嘴腹陰腦的凝聚態為最後一個實現的波形，彷彿無盡數的所謂生命體其實全是一個求生意識下分裂的波形體，每一個分裂的凝聚態波形體都在同一個靈魂下分開形體與分別意識，分形分識的作用就是要實現所謂的生命。

「波動WAVING」狀態是一個預設完備的造生環境，在波動場中有所謂的銀河宇宙，有所謂的太陽，有所謂的月亮和一個有所謂土地、氧氣、水的地球，這個所謂的地球有藍天，有花草，有山，有海，有黃金，有鑽石與彷彿無盡數的所謂各式生命，當眼睛睜開的剎那，一個有聲有光有色有影有溫有氣有形有味有空間有重量的所謂生命世界就在面前，如真如實。

生命是一場騙局，但卻是一場不得不然的詐欺，因為無生最苦，因為無生最悲，波動作用下所實現的生命是求生意識的自我悲

憐，就因為是自我悲憐所以產生波動，所以實現生命，就因為波動無依無靠無實無質；生命是什麼？生命是空無之中的一場波動，生命是一場不得不實現的自我悲憐，在這一場波動作用下所實現的生命如果真有罪惡，請一定要悲憐，因為所悲憐者是自己，在這一場波動作用下所實現的生命如果真有苦痛，請一定要悲憐，因為只有悲憐才能實現生命。

　　波動造生作用是一場不得不用各種形式以證明存在的無奈夢境，這一場主要乞求生機的波動中所有的現象都是為了要證明「生命存在」，所謂的生命體並不是實體，而生命體的九個體器官所有的感應也都不是實體物質，九個體器官所有的感應全部都是不同波段波相的波，生命體或者說是電磁波的凝聚態軀殼就是以九個波段波相的電磁波訊息的接收感應來做為「生命存在」的依據，而分形分識的凝聚態軀殼所犯下的所謂罪惡全都是為了要滿足特定範圍電

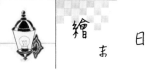

磁波波形，因為滿足九個體器官的需求可以製造出「生命是存在」
的渴望，生命體是受強迫一定要滿足九個體器官的需求，沒有任何
一個生命不是所謂的畜生，所謂的罪犯！

　　所有的罪惡全是為了要滿足九個波相的需求，所謂的生命是
空無之中的一場波動，罪惡是「生命存在」必然與絕對的內容，波
動作用下所實現的生命是脆弱的，波動作用下所實現的生命是可憐
的，因為生命只是一場空無之中的波動，生命要不斷地以九個特定
範圍波形的滿足以證明存在，生命要不斷地用各形各式的罪惡來證
明存在，生命要不斷地用光怪陸離驚奇駭異的現象來詐欺乞求生機
的意識以證明「生命存在」！

Waver

All you want all wave
All you done all vain

in Waving

繪末日

作　　　者：謝傳倫
編　　　輯：高雅婷
美　　　編：家玲、育雯
封面設計：育雯
出 版 者：博客思出版事業網
發　　　行：博客思出版事業網
地　　　址：台北市中正區重慶南路1段121號8樓之14
電　　　話：(02)2331-1675或(02)2331-1691
傳　　　真：(02)2382-6225
E—MAIL：books5w@yahoo.com.tw或books5w@gmail.com
網路書店：http://bookstv.com.tw/ http://store.pchome.com.tw/yesbooks/
　　　　　華文網路書店、三民書局
　　　　　博客來網路書店 http://www.books.com.tw
總 經 銷：成信文化事業股份有限公司
電　　　話：02-2219-2080　　傳　真：02-2219-2180
劃撥戶名：蘭臺出版社　帳號：18995335
香港代理：香港聯合零售有限公司
地　　　址：香港新界大蒲汀麗路36號中華商務印刷大樓
　　　　　C&C Building, 36,Ting, Lai, Road, Tai,Po, New,Territories
電　　　話：(852)2150-2100　　傳真：(852)2356-0735
總 經 銷：廈門外圖集團有限公司
地　　　址：廈門市湖裡區悦華路8號4樓
電　　　話：86-592-2230177　　傳　真：86-592-5365089
出版日期：2017年2月 初版
定　　　價：新臺幣280元整（平裝）
ISBN：978-986-5789-92-3

國家圖書館出版品預行編目資料

繪末日 / 謝傳倫 著 -- 初版， -- 臺北市：博客思

2017.02　面；公分

ISBN 978-986-5789-57-2(平裝)

1.生命論 2.波動 3.繪本

361.1　　104007687